高职高专"十一五"规划教材

建筑装饰工程概预算

张瑞红　主　编

赵艳超　副主编

U0359648

化学工业出版社
·北京·

本教材是根据高职高专建筑装饰概预算课程教学大纲及装饰预算员岗位能力的要求编写的，主要阐述了如何做建筑装饰概预算。具体包括以下几个方面：建筑装饰工程定额计价、建筑装饰工程量清单计价及常用的建筑装饰工程材料用量计算。为了适应高职高专培养学生能力需求，在主要章节编排了大量的实训例题及工程实例，以便读者对预算编制进行综合训练，以利于掌握编制预算的技巧。

本书可作为高职高专院校建筑装饰技术、环境艺术设计、工程造价等专业的教学用书，也可供各单位预算管理人员学习参考，还可作为概预算人员培训材料。

图书在版编目（CIP）数据

建筑装饰工程概预算/张瑞红主编. —北京：化学工业
出版社，2007.2（2024.2重印）
高职高专"十一五"规划教材
ISBN 978-7-122-00008-8

Ⅰ. 建… Ⅱ. 张… Ⅲ. ①建筑装饰-建筑概算定额-
高等学校：技术学院-教材②建筑装饰-建筑预算定额-
高等学校：技术学院-教材 Ⅳ. TU723.3

中国版本图书馆 CIP 数据核字（2007）第 022907 号

责任编辑：王文峡　程树珍　　　　　　　　　文字编辑：卓　丽
责任校对：洪雅姝　　　　　　　　　　　　　装帧设计：郑小红

出版发行：化学工业出版社（北京市东城区青年湖南街13号　邮政编码100011）
印　　装：北京盛通数码印刷有限公司
787mm×1092mm　1/16　印张9　字数199千字　2024年2月北京第1版第15次印刷

购书咨询：010-64518888　　　　　　　　　售后服务：010-64518899
网　　址：http://www.cip.com.cn
凡购买本书，如有缺损质量问题，本社销售中心负责调换。

定　　价：29.00元

前　言

　　本教材根据高职高专建筑装饰概预算课程教学大纲及装饰预算员岗位能力的要求，以现行的建设工程文件为依据，并参考有关资料，结合编者在实际工作和教学实践中的体会与经验编写而成。"建筑装饰工程概预算"是一门实践性很强的课程，为此我们在编制过程中坚持理论与实际结合、注重实际操作的原则。在阐述基本概念和基本原理时，以应用为重点，深入浅出，结合插图，联系实例，内容通俗易懂。

　　工程计价的方式，目前定额计价和清单计价同时存在。为了使读者了解这两种计价方式，本教材在第二章至第四章阐述了定额计价，在第六章阐述了清单计价；同时为了使读者在工作中能快速计算出材料的使用量，特别编写了有关工程材料用量的计算（第五章）。

　　本书共分七章，由张瑞红任主编，赵艳超任副主编。具体编写分工如下：第一章由李丽霞编写，绪论、第二章、第六章、第七章由张瑞红编写，第四章中第三节至第十节、第五章由赵艳超编写，第三章由张雪琴编写，第四章中第一节、第二节由陈久权编写。

　　本教材可作为高等职业技术院校建筑装饰技术、环境艺术设计、工程造价等专业的教学用书，也可供各单位预算管理人员学习参考，还可作为概预算人员培训教材。

　　当前我国工程造价正处于改革与发展时期，由于编者水平所限，不妥之处，恳请读者批评指正。

编　者

2007 年 1 月

目　　录

绪论 …………………………………………………………………………… 1

　　一、课程性质与任务 ……………………………………………………… 1

　　二、工程计价的方式 ……………………………………………………… 1

第一章　工程概预算基础知识 …………………………………………………… 3

　第一节　基本建设程序 …………………………………………………………… 3

　　一、基本建设的含义 ……………………………………………………… 3

　　二、基本建设项目分类 …………………………………………………… 4

　　三、基本建设程序 ………………………………………………………… 5

　第二节　概预算的分类 …………………………………………………………… 8

　　一、概预算的分类 ………………………………………………………… 8

　　二、基本建设程序与概预算的对应关系 ………………………………… 11

　第三节　建设项目投资构成 …………………………………………………… 11

　　一、建设项目划分 ………………………………………………………… 11

　　二、工程造价的形成 ……………………………………………………… 12

　　三、建设项目投资构成 …………………………………………………… 12

　　复习思考题 ………………………………………………………………… 13

第二章　建筑装饰工程费用与预算的编制 …………………………………… 14

　第一节　建筑装饰工程费用构成 ……………………………………………… 14

　　一、直接费 ………………………………………………………………… 14

　　二、间接费 ………………………………………………………………… 16

　　三、利润 …………………………………………………………………… 17

　　四、税金 …………………………………………………………………… 17

　第二节　建筑装饰工程计价程序 ……………………………………………… 17

　第三节　装饰工程预算的编制 ………………………………………………… 18

　　一、装饰工程预算书内容 ………………………………………………… 18

　　二、装饰工程预算的编制依据 …………………………………………… 20

　　三、装饰预算的编制程序 ………………………………………………… 20

　　复习思考题 ………………………………………………………………… 21

第三章　建筑装饰工程定额 …………………………………………………… 22

　第一节　概述 …………………………………………………………………… 22

　　一、定额的概念 …………………………………………………………… 22

　　二、定额的性质 …………………………………………………………… 22

　　三、定额的分类 …………………………………………………………… 23

第二节 装饰施工定额 ………………………………………………… 24

　一、概述 ……………………………………………………………… 24

　二、装饰施工定额的编制 …………………………………………… 24

　三、劳动定额 ………………………………………………………… 25

　四、材料消耗定额 …………………………………………………… 26

　五、机械台班定额 …………………………………………………… 27

第三节 装饰工程预算定额 …………………………………………… 27

　一、概述 ……………………………………………………………… 27

　二、建筑装饰工程预算定额的编制 ………………………………… 27

　三、建筑装饰工程预算定额手册 …………………………………… 30

　复习思考题 …………………………………………………………… 31

第四章 建筑装饰工程量的计算 ……………………………………… 32

第一节 工程量计算概述 ……………………………………………… 32

　一、工程量概念 ……………………………………………………… 32

　二、工程量计算原则 ………………………………………………… 32

　三、工程量计算要求 ………………………………………………… 32

　四、计算工程量的方法 ……………………………………………… 33

第二节 建筑面积计算规则 …………………………………………… 33

　一、建筑面积的概念及作用 ………………………………………… 33

　二、建筑面积计算规则 ……………………………………………… 34

　三、计算实例 ………………………………………………………… 40

第三节 楼地面工程 …………………………………………………… 42

　一、楼地面工程的内容及做法 ……………………………………… 42

　二、楼地面定额说明 ………………………………………………… 42

　三、楼地面工程量的计算规则 ……………………………………… 42

　四、工程量计算实例 ………………………………………………… 43

第四节 墙、柱面装饰工程 …………………………………………… 46

　一、墙、柱面装饰工程的内容及做法 ……………………………… 46

　二、墙、柱面装饰定额说明 ………………………………………… 47

　三、墙、柱面装饰工程量的计算规则 ……………………………… 50

　四、工程量计算实例 ………………………………………………… 50

第五节 天棚装饰工程 ………………………………………………… 53

　一、天棚装饰工程的内容及做法 …………………………………… 53

　二、天棚装饰工程定额说明 ………………………………………… 54

　三、天棚装饰工程量的计算规则 …………………………………… 55

　四、工程量计算实例 ………………………………………………… 55

第六节 门窗装饰工程 ………………………………………………… 56

　一、门窗装饰工程内容 ……………………………………………… 56

　二、门窗装饰工程定额说明 ………………………………………… 56

　　三、门窗装饰工程量计算规则 ･･･ 57

　　四、工程量计算实例 ･･･ 57

　第七节　油漆、涂料、裱糊工程 ･･････････････････････････････････････ 58

　　一、油漆、涂料、裱糊工程的内容 ･･･････････････････････････････････ 58

　　二、油漆、涂料、裱糊工程定额说明 ･････････････････････････････････ 59

　　三、油漆、涂料、裱糊工程量计算规则 ･･･････････････････････････････ 59

　　四、工程量计算实例 ･･･ 61

　第八节　其他工程 ･･･ 62

　　一、定额说明 ･･･ 62

　　二、工程量计算规则 ･･･ 63

　　三、工程实例 ･･･ 63

　第九节　装饰装修工程脚手架及项目成品保护 ･･･････････････････････････ 64

　　一、定额说明 ･･･ 64

　　二、工程量计算规则 ･･･ 64

　　三、工程量计算规则实例 ･･･ 65

　第十节　装饰装修工程量计算实例 ･･･････････････････････････････････ 65

　　一、某客房装饰装修设计图 ･･･ 65

　　二、客房装饰装修设计说明及各部工程做法 ･････････････････････････ 67

　　三、客房装饰装修工程量计算 ･･･････････････････････････････････････ 70

　　复习思考题 ･･･ 72

第五章　建筑装饰工程材料用量计算 ････････････････････････････････････ 75

　第一节　砂浆配合比计算 ･･･ 75

　　一、抹灰砂浆配合比计算 ･･･ 75

　　二、装饰砂浆配合比计算 ･･･ 77

　第二节　建筑装饰用块料用量计算 ･･･････････････････････････････････ 83

　　一、建筑陶瓷砖用量计算 ･･･ 83

　　二、建筑石材板（块）用量计算 ･････････････････････････････････････ 83

　　三、建筑板材用量计算 ･･･ 85

　　四、顶棚材料用量计算 ･･･ 86

　第三节　壁纸、地毯用料计算 ･･･････････････････････････････････････ 87

　　一、壁纸 ･･･ 87

　　二、地毯 ･･･ 88

　第四节　油漆、涂料用量计算 ･･･････････････････････････････････････ 89

　　一、油漆用量计算 ･･･ 89

　　二、涂料用量计算 ･･･ 90

　第五节　屋面瓦及其他材料计算 ･････････････････････････････････････ 92

　　一、屋面瓦用量计算 ･･･ 92

　　二、卷材（油毡）用量计算 ･･･ 92

　　复习思考题 ･･･ 93

第六章　工程量清单及其计价 ·································· 94

　第一节　概述 ··· 94

　　一、工程量清单计价的意义 ······························· 94

　　二、工程量清单计价与传统定额预算计价的差别 ············· 95

　　三、"计价规范"编制的原则 ······························· 96

　　四、《建设工程工程量清单计价规范》的特点 ··············· 97

　　五、《建设工程工程量清单计价规范》的内容 ··············· 98

　第二节　装饰装修工程工程量清单编制 ····················· 99

　　一、分部分项工程量清单的编制 ··························· 99

　　二、措施项目清单 ··································· 101

　　三、其他项目清单 ··································· 103

　　四、工程量清单的整理 ······························· 103

　第三节　装饰工程量清单计价 ··························· 104

　　一、分部分项工程费用的确定 ··························· 104

　　二、措施项目费 ····································· 108

　　三、其他项目费 ····································· 108

　　四、规费 ··· 108

　　五、税金 ··· 109

　　六、风险因素增加的费用 ······························· 109

　　七、工程量清单计价格式整理 ··························· 109

　第四节　工程量清单报价的计算 ······················· 114

　　一、工程量清单计价步骤 ······························· 114

　　二、工程量清单计价程序 ······························· 114

　　复习思考题 ··· 115

第七章　建筑装饰工程结算与决算 ························· 116

　第一节　建筑装饰工程结算 ··························· 116

　　一、工程结算的概念和意义 ····························· 116

　　二、工程结算的分类 ································· 116

　　三、工程价款结算 ··································· 116

　　四、工程竣工结算 ··································· 120

　第二节　建筑装饰工程决算 ··························· 122

　　一、工程竣工决算的概念 ······························· 122

　　二、竣工决算的作用 ································· 122

　　三、竣工决算表的编制 ······························· 123

　　复习思考题 ··· 123

附录 ··· 124

　附录一　装饰工程工程量清单前 9 位全国统一编码 ··········· 124

　附录二　某装饰装修工程工程量清单实例 ················· 129

主要参考文献 ··· 136

绪　论

一、课程性质与任务

建筑装饰工程是房屋建筑工程的装饰或装修的简称，它可分为前期装饰和后期装饰。随着物质生活水平的提高，人们对居住环境要求不断提高，对建筑装饰费用投资也越来越大，因此装饰预算日益重要。

建筑装饰工程预算是研究建筑装饰工程产品类型和建筑装饰工程造价之间的定量关系，是一门综合性课程。通过对本课程的学习，学生可以将装饰工程的设计方案、技术措施与其经济理念结合在一起，达到能独立编制施工图预算和清单的能力。

要掌握建筑装饰工程预算理论，需要学好《建筑装饰制图》、《建筑装饰材料》、《建筑装饰构造》、《建筑装饰施工技术》等课程。

二、工程计价的方式

定额计价和清单计价是我国目前存在的两种工程计价模式，随着我国建筑市场的飞速发展，并且逐步与国际市场接轨，从 2003 年 7 月工程造价的确定逐渐从定额计价向清单计价过渡。

1. 定额计价

定额计价是指以预算定额为基准确定各分部分项工程的人、材、机消耗量和定额直接费（人＋材＋机），从而确定单位工程造价的计价方法。

2. 工程量清单计价

工程量清单计价是指在建设工程招投标中，招标人按照《建设工程工程量清单计价规范》（GB 50500—2003）的工程量计算规则提供工程量，由投标人依据工程量清单自主报价，并按照经评审低价中标的工程造价计价方式。

3. 定额计价与清单计价的主要区别

清单计价是一种先进而且全新的计价模式，它符合价格法中"市场形成价格"的规定，能反映出企业个别成本，与定额计价模式在造价构成的形式、单价的构成、子目的划分及计价依据上有着明显的区别。

（1）单位工程造价构成的形式不同　定额计价是由单位工程造价由直接费、间接费、利润、税金四部分构成，计价时先计算直接费，再以直接费为基数参照工程造价管理机构发布的费率，计算间接费、利润及税金，再将各项费用汇总为单位工程造价。

清单计价是由工程量清单费用、措施项目清单费用、其他项目清单费用、规费、税金五部分构成，前三项费用分别计算汇总后再按规定计取相应的规费和税金，汇总为单位工程造价。

（2）分部分项工程单价的构成不同　定额计价的单价即定额基价，只包括人工、材料、机械费用，是投标时期的指导价，反映定额编制时期的社会平均成本价。

清单计价是施工企业自定的综合单价，除了人工、材料、机械费，还要包括管理费（现场管理费和企业管理费）、利润和必要的风险因素。是施工企业报价时的市场价，反映的是企业个别成本。

（3）计价的依据不同　定额计价的主要依据就是预算定额，编制的方法具有地方性、行业性的特点，各省有各省的定额，各行业有各行业定额，消耗量也是指导性的。

清单计价的主要依据是企业定额，目前可能多数企业没有企业定额，但随着工程量清单计价形式的推广和报价实践的增加，企业将逐步建立起自身的定额和相应的项目单价。

（4）计算规则不同。

第一章

工程概预算基础知识

学习要求

1. 了解基本建设程序。
2. 掌握概预算的分类。
3. 掌握基本建设工程项目划分。

第一节 基本建设程序

一、基本建设的含义

（一）固定资产

固定资产是指在社会再生产过程中，可供生产或生活较长时间，并且在使用过程中，基本保持原有实物形态的劳动资料或其他物资资料。

一般情况下，凡列为固定资产的劳动资料，应同时具备以下两个条件。

（1）使用期限在一年以上。

（2）劳动资料的单位价值在限额以上。

限制的额度，小型国有企业在 1000 元以上；中型企业在 1500 元以上；大型企业在 2000 元以上。

（二）固定资产投资

固定资产投资是以货币形式表现的计划期内建造、购置、安装或更新生产性和非生产性固定资产的工作量。

（三）基本建设

基本建设是人类有组织、有目的、大规模的经济活动，是在固定资产再生产过程中形成综合能力或发挥工程效益的工程项目。其经济形态包括建筑、安装工程建设、购置固定资产以及与此相关的一切活动。基本建设是实现社会主义扩大再生产的重要手段，它为国民经济各部门的发展和人民物质文化生活水平的提高建立了物质基础。

基本建设是指固定资产扩大再生产的新建、扩建、改建、恢复工程及其与之相关的工作。实质就是形成新的固定资产的经济活动过程，基本建设最终成果表现为固定资产的增加。

但是固定资产的再生产并不都是基本建设，对于利用更新改造资金和各种专项基金进行挖潜、革新、改造项目，均视为固定资产更新改造，而不列入基本建设范围之内。

基本建设是一种宏观的经济活动，它是通过建筑业的勘察设计和施工等活动，以及其他有关部门的经济活动来实现的。具体内容如下。

（1）建筑工程　包括工业与民用的建筑物、构筑物、厂区道路、设备基础、简单装饰（清单计价属装饰工程）等工程（即土建工程部分）。

（2）安装工程　包括电气（强弱电）、给排水、暖通、机械设备、工艺管道和结构、自动化控制、热力设备、化学设备等安装工程。

（3）装饰工程　后期装饰。

（4）市政工程、园林和绿化等工程。

（5）设备、工具器具的购置。

（6）勘察与设计　即地质勘察、地形测量和工程设计。

（7）其他基本建设工作　如征用土地、培训工人、生产准备等工作。

二、基本建设项目分类

基本建设项目是由基本建设工程项目组成，根据工程项目的性质、用途和资金来源不同，可将建设项目作如下分类。

（一）按性质划分

（1）新建项目　新开始建设的项目或对原有建设项目重新进行总体设计，经扩大规模后，其新增固定资产价值超过原有固定资产价值三倍以上的建设项目。

（2）扩建项目　为扩大原有主要产品的生产能力或效益，增加新产品生产能力，在原有固定资产的基础上，兴建一些主要车间或其他固定资产的项目。

（3）改建项目　为了提高生产效益，改进产品质量或产品方向，对原有设备、工艺流程进行技术改造的项目，或为提高综合生产能力增加一些附属和辅助车间或非生产性工程项目。

（4）恢复项目　又叫重建项目，是指因重大自然灾害或战争而遭受破坏的固定资产按原来的规模重新建设或在恢复的同时进行扩建的工程项目。

（5）迁建项目　原有企业或事业单位由于各种原因迁到另外的地方建设的项目。

（二）按在国民经济中的用途划分

（1）生产性建设项目　直接用于物质生产或满足物质生产需要的建设项目。具体包括工业、建筑业、农业、林业、水利、气象、运输、邮电、商业或物质供应、地质资源勘探等建设。

（2）非生产性建设　满足人民物质文化生活需求的建设项目。如：住宅、文教卫生、科学实验研究、公用事业和其他建设项目。

（三）按建设项目资金来源和渠道划分

（1）国家投资的建设项目　国家预算直接安排基本建设投资的建设项目，其中包括财政统借统还的利用外资投资的项目。

（2）银行信用筹资的建设项目　通过银行信用方式，供应基本建设项目。资金的来源有银行自有资金、流通货币各项存款、金融债券等。

（3）自筹资金的建设项目　各地区、各部门按照财政制度提留的管理和自行分配于基本建设投资的项目。包括地方自筹、部门自筹和企业事业单位自筹。

（4）引进外资的建设项目。

（5）利用长期资金市场的项目。

（四）按照建设总规模和投资的多少来划分

一般可分为大、中、小型项目。

（五）按照隶属关系划分

（1）部直属项目。

（2）地方部门项目。

（3）企业自筹建设项目。

三、基本建设程序

（一）基本建设程序的含义

基本建设程序就是指建设项目从酝酿、提出、决策、设计、施工到竣工验收整个过程中各项工作的先后次序，它是基本建设经验的科学总结，是客观存在的经济规律的正确反映。

1. 特点

（1）多行业、多部门密切配合。

（2）综合性强、涉及面广、环节多。

2. 要求

按照一定的先后顺序进行基本建设、妥善处理各个环节之间的关系，才能保证工程建设的顺利进行。

（二）基本建设程序内容

我国基本建设程序包括以下七个阶段：项目建议书阶段、可行性研究报告阶段、设计阶段、建设准备阶段、建设实施阶段、竣工验收阶段和项目后评价阶段。

1. 项目建议书阶段

（1）含义　项目建议书是建设单位向国家建设管理部门提出要求建设某一具体项目的建议文件。

（2）作用　项目建议书是基本建设的最初阶段工作，是投资决策前对拟建项目的轮廓设想，主要是从拟建项目的必要性和可行性进行考虑，具有推荐作用。

（3）内容

① 建设项目提出的必要性和依据，进口设备情况，国内外差距，概况，必然性，可行性。

② 产品方案、拟建规模和建设地点的初步设想。

③ 资源情况，建设条件，协作条件；对引进设备说明引进国别、厂商的初步分析和比较。

④ 投资估算和资金筹措的设想，对于利用外资的建设项目还要说明利用外资的理由、可能性及偿还贷款的大体测算。

⑤ 项目进度安排。

⑥ 经济效益和社会效益的初步估计。

⑦ 必须符合国民经济和社会发展的长远规划、行业规划、地区规划等要求，按照建设总规模和限额划分的审批权限报批。

从1984年原国家计委明确规定，所有建设项目都要有提出和审批项目建议书这一道程序。项目建议书是国家选择建设项目和有计划地进行可行性研究的依据。项目建议书被批准后，并不表明项目正式成立，只是反映国家同意该项目进行下一步工作，即可行性研究。

2. 可行性研究报告阶段

可行性研究是采用技术、经济理论，对建设项目进行论证。主要从以下几个方面论证，技术上是否先进、实用、可靠，经济上是否合理，财务上是否赢利。

（1）目的

① 为建设项目能否成立和为审批提供依据。

② 减少项目决策的盲目性，使建设项目的确定具有科学性。

（2）内容 大体分为三项内容，即市场供需研究、技术研究和经济研究。

（3）审批 属中央投资、中央和地方合资的大中型和限额以上项目的可行性研究报告，要报送国家发展和改革委员会审批。地方投资 2 亿元以下的项目，由地方发展改革委员会审批。

3. 设计阶段

设计是对建设项目实施的计划与安排，决定建设项目的轮廓与功能。设计是根据可行性研究报告进行的。

建设单位持批准的《设计任务书》和规划部门核发的《建筑设计条件通知单》即可进行设计招标或委托设计单位进行设计。

根据不同的建设项目，设计采用不同的阶段，一般项目采用两阶段设计，即初步设计和施工图设计。对于技术复杂又缺乏经验的建设项目采用三阶段设计，即初步设计、扩大初步设计和施工图设计。

（1）初步设计 对已经批准的可行性研究报告所提的内容进行初步概括的计算，并作出初步设计，它由文字说明、图纸和总概算三部分组成。

初步设计的作用是作为主要设备订货、施工准备工作、土地征用、控制基本建设投资、施工图设计或技术设计、编制施工组织总设计和施工图预算的依据。

初步设计和总概算按其规模大小和规定的审批程序，报相应的主管部门批准，经批准后方可进行技术设计或施工图设计。

（2）施工图设计 根据批准的初步设计文件对工程建设方案进一步具体化、明确化。其主要内容如下。

① 建筑平面图、立面图和剖面图。

② 建筑详图。

③ 结构布置图和结构详图。

④ 各种设备的标准型号、规格及非标准设备的施工图。

如果采用三阶段设计时，在初步设计和施工图设计之间增加技术设计阶段，进一步确定初步设计中所采用工艺过程；建筑和结构的重大技术问题，设备的选型和数量，并编制修正概算。

4. 建设准备阶段

建设准备阶段是工程开工前对工程的各项准备工作。建设项目所需要的主要设备和材料申请订货，并组织大型专业预安排和施工准备，提出开工报告。

建设准备阶段的内容主要有以下几项。

① 做好技术准备。

② 做好征地拆迁。

③ 三通一平（五通一平或七通一平）。

④ 组织建设工程招标投标。

⑤ 修建临时生产和生活设施。

⑥ 协调图纸和技术资料的供应。

⑦ 落实地方材料和设备、制品的供应及施工力量等。

开工报告的主要内容如下。

① 建设项目已经落实投资、施工图设计、市政配套设施、"三材"、施工单位现场"三（五或七）通一平"等情况。

② 具有批准的年度计划和市规划局签发的建设工程许可证。

5. 建设实施阶段

① 建设实施阶段是按照计划、设计文件，编制施工组织设计进行施工，将建设项目的设计变成可供人们进行生产和生活活动的建筑物、构筑物等固定资产。

② 工程实施过程中，要按照合理的施工顺序组织施工，确保工程质量。

6. 竣工验收阶段

（1）竣工验收范围 列入固定资产投资计划的建设项目或单项工程，按照批准的设计文件所规定的内容和要求全部建成，具备投产和使用条件，不论新建、改建、扩建和迁建性质，都要及时组织验收，并办理固定资产交付使用的转账手续。

（2）竣工验收依据

① 审批机关批准的设计任务书、可行性研究报告、初步设计以及上级机关的有关文件。

② 工程施工图纸及说明、设备技术说明、设计变更。

③ 现行的国家"工程施工及验收规范"、"工程质量验收标准"等。

（3）建设项目竣工验收，交付使用应达到下列标准。

① 生产性工程、辅助性工程、已按设计要求建完并能满足生产要求。

② 主要工艺设备已经安装配套，经联动负荷试车合格，构成生产线，形成生产能力，能够生产出设计文件中规定的产品。

③ 职工宿舍和其他必要的生产福利设施能够适应投产初期的需要。

④ 生产准备工作能够适应投产初期的需要。

（4）竣工验收程序 竣工验收一般分两部进行：①单项工程验收；②全部验收。

一般在验收前，先由建设单位组织设计、施工等单位进行初步验收，然后向主管部门提出验收报告。

验收报告主要内容：建设项目概况、投资完成情况、工程项目完成情况、设计情况、竣工图纸档案、遗留问题、竣工决算报告。

对于工业建设项目竣工验收一般分为单体试车、无负荷联动试车、符合联动试车三个步骤进行，合格后，双方签订交工验收证书。

7. 项目后评价阶段

第二节　概预算的分类

一、概预算的分类

根据建设阶段的不同，建设工程概预算有以下的分类：投资估算、设计概算、修正概算、施工图预算、施工预算、工程结算、竣工决算。

（一）投资估算

投资估算是建设单位向国家申请拟立项目或国家对拟立项目进行决策时确定建设项目在可行性研究、项目建议书、设计任务书等不同阶段的相应投资总额而编制的经济性文件。

编制者及所处阶段：建设单位在基本建设前期工作阶段。

1. 投资估算作用

（1）它是国家决定拟建项目是否继续进行研究的依据。

作为拟建项目是否继续进行的经济文件，它为建设项目提供了一项参考性的经济指标，对下阶段工作具有约束力，同时也是决定项目能否进行下一步工作的依据。

（2）它是国家审批项目建议书的依据。

投资估算是国家决策部门领导审批项目建议书的依据之一，用来判定建设项目在经济上是否列为经济建设的长远规划或基本建设前期工作计划。

（3）它是国家批准设计任务书的依据。

可行性研究的投资估算，是研究分析拟建项目经济效果和各级主管部门决定是否立项的重要依据。它是决策性的经济文件，可行性研究报告被批准后，投资估算作为控制设计任务书下达的投资限额，对初步设计概算编制起控制作用。也是资金筹措及建设资金贷款的依据。

（4）它是编制国家中长期规划，保持合理比例和投资结构的依据。

2. 投资估算的内容

投资估算应列入建设项目从筹建至竣工验收、交付使用全部过程中所需要的全部投资额。

3. 投资估算的依据

（1）估算指标。

（2）概算指标。

（3）类似工程预（决）算等资料。

4. 计算方法

（1）指数估算法。

（2）系数法。

（3）单位产品投资指标法。

（4）平方米造价法。

（5）单位体积估算法。

（二）设计概算

设计概算是设计单位以投资估算为目标，在初步设计或扩大初步设计阶段，预先计算和确定建设项目从筹建到竣工验收、交付使用的全部建设费用的文件。

编制者及所处阶段：设计单位在设计阶段。

1. 设计概算编制依据

（1）初步设计图纸。

（2）概算定额或概算指标。

（3）设备预算价格。

（4）费用定额或取费依据。

（5）建设地区自然、技术经济条件等资料。

2. 作用

（1）它是设计文件的组成部分。

（2）它是国家确定和控制基本建设投资额的依据。根据设计概算确定的投资数额，经主管部门批准后，就成为该项目的基本建设项目的最高限额。这一限额未经规定的程序批准，不得突破。

（3）它是编制基本建设计划的依据。

（4）它是选择最优设计方案的重要依据。

（5）它是实行建设项目投资大包干的依据。

（6）它是实行投资包干责任制和招标承包制的依据。

（7）它是建设银行办理工程拨款、贷款和结算、实行财政监督的重要依据。

（8）它是基本建设投资核算的重要依据。

（9）它是基本建设进行"三算"对比的依据。

（三）修正概算

采用三阶段设计时，设计单位在技术设计阶段，随着对初步内容的深化，对建设规模结构性质、设备类型等方面进行必须的修改和变动。一般情况下，修正概算不能超过原已批准的概算投资额。

编制单位及所处阶段：设计单位在设计阶段（三阶段设计时）。

（四）施工图预算

施工图预算是施工单位根据施工图纸计算的工程量、施工组织设计（施工方案）和国家现行计价规范、企业定额等资料进行计算和确定单位工程和单项工程建设费用的经济文件。

编制单位及所处阶段：施工单位在施工图设计完成后，单位工程施工前。

1. 施工图预算编制依据

（1）施工图纸（已进行完图纸会审）。

（2）施工组织设计（施工方案）。

（3）现行计价规范。

（4）企业定额。

（5）建设地区的自然及技术经济条件等资料。

2. 施工图预算作用

（1）它是确定单位工程和单项工程预算造价的依据（投标标底）。

（2）它是签发施工合同，实行预算包干，进行竣工结算的依据。

（3）它是建设银行拨付工程价款的依据。

（4）它是施工企业加强经营管理，搞好经济合算的基础。

3. 利用预算定额进行工程报价的方法

（1）单价法　根据预算定额的规定计算各项工程量，分别乘以相应预算定额基价，并汇总，即为工程直接费；再以工程直接费（人工费或人工费＋机械费）为基数，乘以间接费率、利润率、税金等费率，求出该工程的间接费、利润、税金等费用，汇总后即为工程造价（传统模式）。

（2）实物法　量价分离的方法，即工程量清单报价。

（五）施工预算

施工预算是在施工图预算的控制下，施工队根据施工图纸计算的分项工程量、施工定额（包括劳动定额、材料消耗定额和机械台班定额）、单位工程施工组织设计或分部（项）过程设计、降低工程成本和技术组织措施等资料，通过工料分析计算和确定完成一个单位工程或其中的分部（项）工程所需要的人工、材料、机械台班消耗量及其相应费用的经济文件。

编制单位及所处阶段：施工单位在施工阶段。

1. 施工预算编制依据

（1）施工图计算的分项工程量。

（2）施工组织设计（施工方案）。

（3）施工定额。

（4）现场施工条件。

2. 作用

（1）它是施工企业对单位工程实行计划管理，编制施工作业计划的依据。

（2）它是实行班组经济核算、考核单位用工、限额领料的依据。

（3）它是施工队向班组下达施工任务书和施工过程中检查和督促的依据。

（4）它是两算对比的依据。

（六）工程结算

工程结算是指一个单项工程、单位工程、分部工程或分项工程完工，并经建设单位及有关部门验收后，施工企业依据施工过程中现场实际情况的记录、设计变更通知书、现场工程更改签证、合同单价和相关费用文件等资料，在施工图预算（合同价款）的基础上，编制的向建设单位办理最终工程价款的经济文件。

编制单位及所处阶段：施工单位在所属工程完工并通过验收。

1. 工程结算编制依据

（1）预算定额。

（2）现场记录、设计变更通知单（书）、签证。

（3）材料预算价格。

（4）有关取费标准。

（5）承包合同。

2. 工程结算作用

(1) 它是使企业获得收入、补偿消耗，进行分项核算的依据。

(2) 它是建设单位支付工程款的依据。

（七）竣工决算

竣工决算是建设项目全部完成，并通过验收，由建设单位财务部门编制的从项目筹建到竣工验收、交付使用全过程中实际支付的全部建设费用的经济文件。

编制单位及所处阶段：建设单位在建设项目全部完成并通过验收。

竣工决算作用如下。

(1) 反映基本建设实际基本建设投资额及其投资效果。

(2) 是作为核算新增固定资产和流动资金价值。

(3) 国家或主管部门验收小组验收和交付使用的重要财务成本依据。

二、基本建设程序与概预算的对应关系

其对应关系如下图所示。

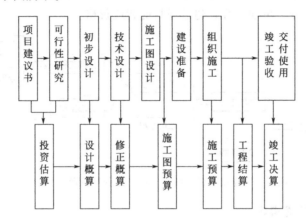

第三节　建设项目投资构成

一、建设项目划分

基本建设工程项目按照它的组成内容不同，从大到小可以划分为建设项目、单项工程、单位工程、分部工程和分项工程。

1. 建设项目

有一个设计任务书，按照一个总体设计进行施工，经济上实行独立核算，行政上有独立组织建设管理单位，并且是由一个或一个以上的单项工程组成的新增固定资产投资项目。

2. 单项工程

单项工程是指能够独立设计、独立施工、建成后能够独立发挥生产能力或工程效益的工程项目，它是建设项目的组成部分。

3. 单位工程

单位工程是指可以独立设计，也可以独立施工，但不能独立形成生产能力与发挥效益的工程，它是单项工程的组成部分。

4. 分部工程

分部工程是单位工程的组成部分，它是建筑物或构筑物的结构部位或主要工种工程划分的工程分项。

5. 分项工程

分项工程是分部工程的细分，是建设项目最基本的组成单元，也是最简单的施工过程。

划分依据：按照选用的施工方法，所使用的材料、结构构件规格等不同因素划分的施工分项。

分项工程是概预算分项中最小的分项，都能够用最简单的施工过程去完成；每一分项工程都能用一定的计量单位计算，并能计算出某一定量分项工程所必须消耗的人工、材料、机械台班的数量单位。

二、工程造价的形成

概预算价格的形成，首先是确定划分项目，将项目由大到小细致划分，然后具体计算出每一个小项的工程量，从而确定每一个分项工程的价格，再由小到大累加起来，从而确定分部工程、单位工程、单项工程、建设项目的相应价格。

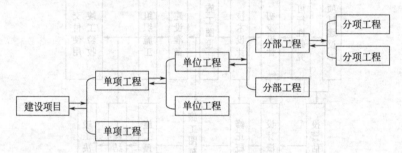

说明：→建设项目分解方向；←工程造价形成方向。

三、建设项目投资构成

如下图所示。

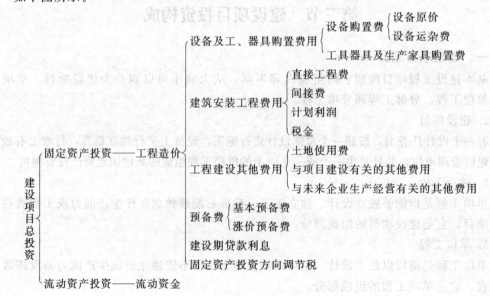

复习思考题

1. 建设项目是如何划分的?
2. 什么是固定资产?
3. 基本建设程序分几个阶段?
4. 建筑工程概预算是如何分类的?
5. 基本建设程序和建筑工程概预算的关系是怎样的?

第二章

建筑装饰工程费用与预算的编制

学习要求

1. 掌握建筑装饰工程费用组成及取费程序。
2. 掌握建筑装饰工程预算编制程序。

建筑装饰工程预算是建筑工程预算的一个分支，主要是指在装饰工程开工前，施工单位根据施工图纸、施工组织设计（施工方案）和国家现行计价规范计算的工程量，套用装饰工程预算定额，按照建筑装饰工程取费程序进行计算和确定的单位工程和单项工程建设费用的经济文件。

工程费用（工程造价）经济文件的形成过程实际就是怎样做预算，做好预算就要掌握建筑产品费用的组成和计算方法。

第一节　建筑装饰工程费用构成

建筑装饰工程费用（工程造价），是指直接发生在建筑装饰工程施工生产过程中的费用、装饰施工企业在组织施工过程中间接为工程支付的费用（来自甲方）以及按照国家规定收取的利润和交纳的税金的总称。

为了加强建设投资项目的管理和适应建筑市场的发展，有利于合理确定和控制工程造价，国家统一了建筑安装工程费用的划分，按照现行规定，建筑安装工程费由直接费、间接费、利润和税金四部分组成。

一、直接费

直接费是与建筑产品生产有关的各项费用，包括直接工程费和措施费。

直接工程费包括人工费、材料费和机械费。

措施费包括技术措施费和组织措施费。

（一）直接工程费

直接工程费是指施工过程中耗费的构成工程实体的各项费用，包括人工费、材料费和施工机械使用费。

1. 人工费

人工费是指直接从事建筑安装工程施工的生产工人开支的各项费用，具体内容如下。

（1）基本工资　发放给生产工人的基本工资。

（2）工资性补贴　按规定标准发放的物价补贴，煤、燃气补贴，交通补贴，住房补贴，流动施工津贴等。

（3）生产工人辅助工资　生产工人年有效施工天数以外非作业天数的工资，包括职工学习、培训期间的工资，调动工作、探亲、休假期间的工资，因气候影响的停工工资，女工哺乳时间的工资，病假在六个月以内的工资以及产、婚、丧假期的工资。

（4）职工福利费　按规定标准计提的职工福利费。

（5）生产工人劳动保护费　按规定标准发放的劳动保护用品的购置费及修理费，徒工服装补贴，防暑降温费，在有碍身体健康环境中施工的保健费用等。

2. 材料费

材料费是指施工过程中耗费的构成工程实体的原材料、辅助材料、构配件、零件和半成品的费用。具体内容如下。

（1）材料原价（或供应价格）。

（2）材料运杂费　材料自来源地运至工地仓库或指定堆放地点所发生的全部费用。

（3）运输损耗费　材料在运输装卸过程中不可避免的损耗费。

（4）采购及保管费　为组织采购、供应和保管材料过程中所需要的各项费用，包括采购费、仓储费、工地保管和仓储损耗费。

（5）检验试验费　对建筑材料、构件和建筑安装物进行一般鉴定、检查所发生的费用，包括自设试验室进行试验所耗用的材料和化学药品等的费用。不包括新结构、新材料的试验费和建设单位对具有出厂合格证明的材料进行检验，对构件做破坏性试验及其他特殊要求检验试验的费用。

3. 施工机械使用费

施工机械使用费是指施工机械作业所发生的机械使用费以及机械安拆费和场外运输费。施工机械台班单价应由下列七项费用组成。

（1）折旧费　施工机械在规定的使用年限内，陆续收回其原值及购置资金的时间价值。

（2）大修理费　施工机械按规定的大修理间隔台班进行必要的大修理，以恢复其正常功能所需的费用。

（3）经常修理费　施工机械除大修理以外的各级保养和临时故障排除所需的费用。包括为保障机械正常运转所以替换设备与随机配备工具附具的摊销和维护费用，机械运转中日常保养所需的润滑与擦拭的材料费用及机械停滞期间的维护和保养费用等。

（4）安拆费及场外运费　安拆费指施工机械在现场进行安装与拆卸所需的人工、材料、机械和试运转费用以及机械辅助设施的折旧、搭设、拆除等费用；场外运费指施工机械整体或分体自停放地点运至施工现场或由一施工地点运至另一施工地点的运输、装卸、辅助材料及架线等费用。

（5）人工费　机上司机（司炉）和其他操作人员的工作日人工费及上述人员在施工机械规定的年工作台班以外的人工费。

（6）燃料动力费　施工机械在运转作业中所消耗的固体燃料（煤、木柴）、液体燃料（汽油、柴油）及水、电等费用。

（7）养路费及车船使用税　施工机械按照国家规定和有关部门规定应缴纳的养路费、车船使用税、保险费及年检费等。

（二）措施费

措施费是指为完成工程项目施工，发生于该工程施工前和施工过程中非工程实体项目的费用。具体内容包括：技术措施费和组织措施费。

1. 技术措施费

（1）大型机械设备进出场及安拆费　机械整体或分体自停放场地运至施工现场或由一个施工地点迁至全另一个施工地点，所发生的机械进出场运输转移费用及机械在施工现场进行安装、拆卸所需的人工费、材料费、机械费、试运转费和安装所需的辅助设施的费用。

（2）混凝土、钢筋混凝土模板及支架费　混凝土施工过程中需要的各种钢模板、木模板、支架等的支、拆、运输费用及模板、支架的摊销（或租赁）费用。

（3）脚手架费　施工需要的各种脚手架搭、拆、运输费用及脚手架的摊销（或租赁）费用。

2. 组织措施费

（1）环境保护费　施工现场为达到环保部门要求所需要的各项费用。

（2）文明施工费　施工现场文明施工所需要的各项费用。

（3）安全施工费　施工现场安全施工所需要的各项费用。

（4）临时设施费　施工企业为进行建筑工程施工所必须搭设的生活和生产用的临时建筑物、临时设施包括：临时宿舍、文化福利及公用事业房屋与构筑物，场内道路、水、电、管线等临时设施和小型临时设施。仓库、办公室、加工厂以及规定的临时设施费用包括：临时设施的搭设、维修、拆除费或摊销费。

（5）夜间施工费　因夜间施工所发生的夜班补助费、夜间施工降效、设备摊销及照明用电等费用。

（6）二次搬运费　因施工场地狭小等特殊情况而发生的二次搬运费用。

（7）已完工程及设备保护费　竣工验收前，对已完工程及设备进行保护所需费用。

（8）施工排水、降水费　为确保工程在正常条下施工，采取各种排水、降水措施所发生的各种费用。

二、间接费

间接费由规费、企业管理费组成。

（一）规费

规费是指政府和有关权部门规定必须缴纳的费用（简称规费）。具体内容如下。

（1）工程排污费　施工现场按规定缴纳的工程排污费。

（2）工程定额测定费　按规定支付工程造价（定额）管理部门的定额测定费。

（3）社会保障费

① 养老保险费　企业按规定标准为职工缴纳的基本养老保险费。

② 失业保险费　企业按照国家规定标准为职工缴纳的失业保险费。

③ 医疗保险费　企业按照规定标准为职工缴纳的基本医疗保险费。

（4）住房公积金　企业按规定标准为职工缴纳的住房公积金。

（5）危险作业意外伤害保险　按照建筑法规定，企业为从事危险作业的建筑安装施工人员支付的意外伤害保险费。

（二）企业管理费

企业管理费是指建筑安装企业组织施工生产和经营管理所需费用。具体内容如下。

（1）管理人员工资　管理人员的基本工资、工资性补贴、职工福利费、劳动保护费等。

（2）办公费　企业管理办公用的文具、纸张、账表、印刷、邮电、书报、会议、水电、烧水和集体宿舍（包括现场临时宿舍取暖）用煤等费用。

（3）差旅交通费　职工因公出差、调动工作的差旅费、住勤补助费，市内交通费和误餐补助费，职工探亲路费，劳动力招募费，职工离退休、退职一次性路费，工伤人员就医路费，工地转移费以及管理部门使用的交通工具的油料、燃料、养路费及牌照费。

（4）固定资产使用费　管理和试验部门及附属生产单位使用的属于固定资产的房屋、设备仪器等的折旧、大修、维修或租赁费。

（5）工具用具使用费　管理使用的不属于固定资产的生产工具、器具、家具、交通工具和检验、试验、测绘、消防用具等的购置、维修和摊销费。

（6）劳动保险费　由企业支付离退休职工的易地安家补助费、职工退职金、六个月以上的病假人员工资、职工死亡丧葬补助费、抚恤费、按规定支付给离休干部的各项经费。

（7）工会经费　企业按职工工资总额计提的工会经费。

（8）职工教育经费　企业为职工学习先进技术和提高文化水平，按职工工资总额计提的费用。

（9）财产保险费　施工管理用财产、车辆保险。

（10）财务费　企业为筹集资金而发生的各种费用。

（11）税金　企业按规定缴纳的房产税、车船使用税、土地使用税和印花税等。

（12）其他　包括技术转让费、技术开发费、业务招待费、绿化费、广告费、公证费、法律顾问费、审计费和咨询费等。

三、利润

利润是指施工企业完成所承包工程获得的赢利。

四、税金

税金是指国家税法规定的应计入工程造价内的营业税、城市维护建设税及教育费附加等。

第二节　建筑装饰工程计价程序

建筑装饰工程费用按表 2-1 计算，取费基数是以直接费中的人工费为基数进行计算的，表中的费率、利润率可查各省费率表。

表 2-1 建筑装饰工程计价程序

序 号	费用项目	计算方法	备 注	
①	直接工程费	按预算表(已有)	工程量×定额基价	
②	直接工程费中人工费	按预算表(已有)	工程量×(定额基价中的人+机)	
③	措施费	按规定标准计算	技术措施费过程同直接工程费;组织措施费按合同约定	
④	措施费中人工费	按规定标准计算		
⑤	小计	①+③	得到直接费	
⑥	人工费小计	②+④		
⑦	间接费	⑥×相应费率	企业管理费部分	合并计算称综合费率
⑧	计划利润	⑥×相应利润率		
⑨	合计	⑤+⑦+⑧	并按合同进行造价调整、材料价差调整(一般也单独列项)	
⑩	规费	⑨×相应费率		
⑪	含税造价	(⑨+⑩)×(1+相应税率)	规费和税金有时不参与投标报价	
⑫	单方造价	⑪/建筑面积		

第三节 装饰工程预算的编制

编制装饰工程预算书(定额计价格式)是投标报价、签订工程承包合同、办理竣工结算的一个重要环节,以下具体阐述装饰工程预算书内容、装饰工程预算的编制依据、装饰工程预算的编制程序。

一、装饰工程预算书内容

一份完整的预算书应包括以下内容。

1. 封皮

封皮上内容应包括建设单位、工程名称、建筑面积、预算价值和编制单位等,具体样表如表 2-2 所示。

2. 编制说明

编制说明包括以下内容。

(1)工程概况。包括工程名称及编号、建设单位、结构形式、建筑面积、层数等;

(2)预算文件编制依据。包括设计图来源、设计单位、所用的定额和取费标准的名称;

(3)写出人工、材料和机械价差的调整情况;

(4)写出预算外项目内容,签证或变更的处理方法;

(5)写出编制预算文件时图纸上不清楚或矛盾的地方,以及编制时的处理方法;

(6)写出单项(位)工程的工程造价及单方造价,当有同类工程可比时,分析工程造价偏高或偏低的原因。

3. 工程预算汇总表

4. 装饰工程取费表

5. 装饰工程预算书

6. 装饰工料分析表

7. 装饰价差调整表

表 2-2　装饰工程预算书封面

工程预(结)算书

建　设　单　位：＿＿＿＿＿＿＿＿＿＿＿＿＿＿＿＿＿＿＿＿

工　程　名　称：＿＿＿＿＿＿＿＿＿＿＿＿＿＿＿＿＿＿＿＿

建　筑　面　积：＿＿＿＿＿＿＿＿＿＿＿＿＿＿＿＿＿＿＿＿

预(结)算价值：＿＿＿＿＿＿＿＿＿＿＿＿＿＿＿＿＿＿＿＿

技术经济指标：＿＿＿＿＿＿＿＿＿＿＿＿＿＿＿＿＿＿＿＿

预(结)算编号：＿＿＿＿＿＿＿＿＿＿＿＿＿＿＿＿＿＿＿＿

编　制　单　位：＿＿＿＿＿＿＿＿＿＿＿＿＿＿＿＿＿＿＿＿

编　制　日　期：　　年　　月　　日

单 位 负 责 人：＿＿＿＿＿＿＿＿＿＿＿＿＿＿＿＿＿＿＿＿

编　制　人：＿＿＿＿＿＿＿＿＿＿＿＿＿＿＿＿＿＿＿＿

审　核　人：＿＿＿＿＿＿＿＿＿＿＿＿＿＿＿＿＿＿＿＿

二、装饰工程预算的编制依据

1. 审批后的设计施工图
2. 施工组织设计文件
3. 工程招标文件
4. 现行装饰工程预算定额
5. 建设工程费用定额和税率
6. 材料预算价格信息
7. 工程承包合同文件
8. 预算工作手册等文件

三、装饰预算的编制程序

1. 搜集并熟悉基础资料

搜集相关的基础资料包括设计图纸及图集、施工组织设计及现场情况、概算文件、合同相关条款。

2. 熟悉现行定额、费用标准、材料预算价格

包括熟悉定额的项目划分、内容、方法、材料规格、计量单位、工程量计算方法。

3. 计算建筑面积

按照现行的建筑面积计算规范计算建筑面积。

4. 确定工程量的计算项目

装饰工程预算编制的过程中，项目的划分极其重要，它可使工程量计算避免漏项和重项，使工程造价更准确。

列工程量计算项目时一般有两种方法。

（1）对施工过程和定额比较熟悉，根据图纸按分部工程和分项工程顺序，从定额子目顺序查找列出子目。

（2）对施工过程和定额很熟悉，根据图纸按施工过程列出应发生的项。

5. 计算工程量——得到工程量计算书

计算工程量应按照工程量计算规则计算，在什么省、采用什么计价方法，应按照相应的计算规则进行计算。如：在河北省采用定额计价计算某装饰工程造价，计算工程量时应按照《全国统一装饰装修工程量消耗定额河北省综合计价》计算；在河北省采用清单计价计算某装饰工程造价，计算工程量时应按照《装饰装修工程工程量清单项目及计算规则》计算。

6. 套定额、汇总——得预算书

7. 计算装饰工程预算造价

取费、工料分析、调价差等造价调整——得取费表、工料分析汇总表、价差表。

8. 装订成册

成册顺序如下。

封皮、编制说明、综合预算表、装饰工程取费表、装饰工程预算书、装饰工料分析表、装饰价差调整表。

复习思考题

1. 建筑装饰工程费用的组成部分有哪些？

2. 什么是直接费？

3. 什么是间接费？

4. 叙述施工图预算的编制步骤。

5. 建筑装饰工程取费基数是什么？

6. 有一装饰工程，经计算定额直接费用如下表，该工程管理费率39%、利润率17%、税金3.45%、规费0.22%，计算此工程的工程造价。

序　号	工程名称	材料费/万元	人工费/万元	机械费/万元
1	瓷砖地面	1.2	0.26	0.12
2	铝合门窗	4.8	1.1	0.82

第三章

建筑装饰工程定额

第一节 概　　述

一、定额的概念

广义定额：定额即规定的额度，使人们根据不同的要求，对某种事物规定的数量标准，即标准或尺度。

定额在现代化经济和社会生活中无处不在，同时，随着生产力的发展也不断变化，对社会经济生活中复杂多样的事物进行着计划、调节、组织、预测、控制和咨询。

建筑工程定额：它是指在正常的施工条件下，每完成单位合格建筑安装产品所必须消耗的工时、材料、机械台班及其价值的数量标准。

说明：它除了规定各种资源和资金的消耗量外，还规定了应完成的工作内容、达到的质量标准和安全要求。

二、定额的性质

1. 定额的科学性

定额是在认真研究基本经济规律、价值规律的基础上，经长期严密的观察、测定，广泛搜集和总结生产实践经验及有关的资料，应用科学的方法对工时分析、作业研究、现场布置、机械设备改革以及施工技术与组织的合理配合等方面进行综合分析、研究后制定的。因此，它具有一定的科学性。

2. 定额的法定性

定额是由国家各级主管部门按照一定的科学程序，组织编制和颁发的，它是一种具有法定性的指标。

在规定范围内，任何单位都必须严格遵守执行，不得任意改变，而且定额管理部门还应对其使用进行监督。

3. 定额的先进性和群众性

定额是在广泛的测定，以及大量数据的分析、统计、研究和总结工人生产经验的前提下，按正常施工条件，多数企业或个人经过努力可达到或超过的平均先进水平制定的，不是按少数企业或个人的先进水平制定的。因此，它具有一定的先进性和群众性。

4. 定额的时效性

定额不是固定不变的。一定时期的定额，反映一定时期的构件工厂化、施工机械化和预制装配化程度以及工艺、材料等建筑技术发展水平。随着建筑生产技术和生产力的发展，各种资源的消耗量下降，而劳动生产率会有所提高，导致定额的水平提高。

三、定额的分类

定额的分类繁多，根据使用对象和组织施工的具体目的及要求的不同，定额的内容、形式和分类方法也不同。

（一）根据生产要素划分

生产要素包括劳动者、劳动手段和劳动对象三部分。

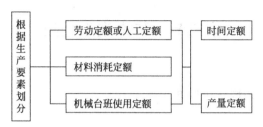

（二）根据编制程序和用途划分

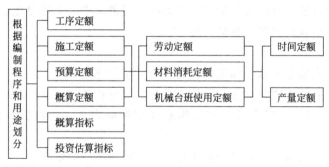

（三）根据编制单位和执行范围不同划分

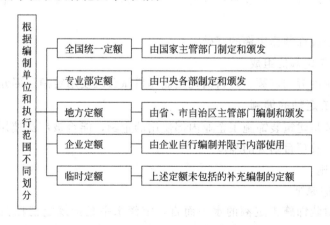

（四）根据专业性质不同划分

根据专业性质不同

- 建筑工程定额
- 安装工程定额
- 仿古园林定额
- 市政工程定额
- 房屋修缮定额

第二节 装饰施工定额

一、概述

（一）装饰施工定额的概念和作用

1. 概念

装饰施工定额是施工企业直接用于建筑装饰工程施工管理的一种定额。它是指在正常的施工条件下，以建筑工程的各个施工过程为标定对象，规定完成单位合格产品所必需消耗的人工、材料和机械台班等的数量标准。

2. 作用

（1）装饰施工定额是建筑装饰施工企业进行科学管理的基础。

（2）它是施工企业编制装饰施工预算，进行工料分析和"两算"对比的依据。

（3）编制装饰施工组织设计、施工作业计划和确定人工、材料及机械需求计划的依据。

（4）施工队向工人班（组）签发施工任务单，限额领料的依据。

（5）组织工人班（组）开展劳动竞赛、经济核算，实行承发包，计取劳动报酬和奖励等工作的依据。

（6）它是编制装饰预算定额的基础。

（二）装饰施工定额的组成

装饰施工定额由劳动定额、材料消耗定额和机械台班使用定额三部分组成。

二、装饰施工定额的编制

装饰施工定额是建筑装饰施工企业内部使用的定额，能否被广泛使用，关键取决于定额的质量、水平以及项目划分的程度。

（一）编制原则

1. 平均先进的原则

平均先进是对装饰施工定额的水平而言，定额水平是指规定消耗在单位产品上的劳动、材料、机械的多少。所谓平均先进水平，是指在正常施工条件下，多数工人或班组经过努力能够达到，少数可以接近，个别可以超过的定额水平。它低于先进水平，略高于平均水平。

2. 简明适用的原则

简明适用的原则就装饰施工定额的内容和形式而言,是指便于定额的贯彻执行。

3. 专群结合以专为主的原则

编制施工定额,要以专家为主,同时也要结合群众的经验,这样才能制定出合理的定额。

(二) 编制依据

1. 定额　全国建安工程统一劳动定额、材料消耗定额和机械台班消耗定额。

2. 各种规范　如施工验收规范、工程质量检查评定标、准技术安全操作规程等。

3. 各种资料　主要有已完工程历史资料、定额测定资料等。

4. 工程标准图集。

三、劳动定额

(一) 劳动定额的定义

劳动定额也称为人工定额,是指在正常的施工条件下,完成单位格产品所必需消耗的工作时间或在一定劳动时间内所生产的合格产品数量的标准。正常的施工条件是指合理的劳动组织、合理的使用材料以及施工机械同时配合。

(二) 表现形式

劳动定额按其表现形式的不同,可分为时间定额和产量定额两种。

1. 时间定额

时间定额是指某种专业、技术等级的工人班组或个人,在合理的劳动组织、合理的使用材料和施工机械同时配合的条件下,完成单位合格产品(如 m、m^2、m^3、t、根、块……)所必需消耗的工作时间。

时间定额计量单位一般以完成产品的单位和工日表示,如工日/m^2、工日/m^3、工日/t、工日/根等。

每个工日时间按八小时计算。

2. 产量定额

产量定额指在合理的劳动组织,合理的使用材料以及施工机械同时配合的条件下,某种专业、技术等级的工人或班组,在单位时间内所完成的质量合格产品的数量。

产量定额计量单位: m/工日、m^2/工日、t/工日等。

3. 时间定额与产量定额的关系

(1) 个人完成的时间定额和产量定额互为倒数。

(2) 对于小组完成的时间定额和产量定额,两者就不是通常所说的倒数关系。时间定额与产量定额之积,在数值上恰好等于小组成员数总和。

国家 1994 年制定,1995 年 1 月 1 日实施的《全国建筑安装工程统一劳动定额》规定:人工挖二类土方时间定额为每立方米耗工 0.192 工日。即时间定额为 0.192 工日/m^3,产量定额为 5.2m^3/工日。

(三) 劳动定额的作用

(1) 建筑施工企业内部组织生产,编制施工作业计划和施工组织设计(或方案)的依据。

(2) 签发施工任务书,计算工资的依据。

(3) 企业内部实行经济核算,计算内部承包价格的依据。

（4）编制企业定额的依据。

四、材料消耗定额

（一）概念

材料消耗定额是指在合理使用材料的条件下，生产单位质量合格的建筑产品所必须消耗一定品种、规格的材料数量的标准。

（二）建筑材料的分类

1. 非周转性材料

非周转性材料也称为直接性材料。它是指在建筑工程施工中，一次性消耗并直接构成工程实体的材料，如砖、瓦、砂、石、钢筋、水泥等。

非周转性材料的消耗量由材料消耗净用量、材料损耗量两部分组成。

2. 周转核材料

周转性材料是指在工程施工过程中，能多次使用，反复周转的工具性材料、配件和用具等，如挡土板、模板和脚手架等。

（三）材料消耗量的确定

1. 非周转性材料消耗量的确定

$$材料消耗量 = 材料净耗量 + 材料损耗量$$

$$材料损耗率 = \frac{材料净耗量}{材料消耗量}$$

$$材料消耗量 = \frac{材料净耗量}{1 - 材料损耗率}$$

2. 周转性材料摊销计算

这类材料在施工中每次使用都有损耗，不是一次消耗完，而是在多次周转使用中，经过修补逐渐消耗的。周转性材料在材料消耗定额中，常以摊销量表示。

下面以现浇钢筋混凝土结构木模板为例，说明其摊销量计算的方法。

① 确定一次使用量　一次使用量是指完成定额计量单位产品的生产，在不重复使用的前提下的一次用量。

可按照施工图纸计算，具体如下。

一次使用量 = 每计量单位混凝土构件的模板接触面积 × 每平方米接触面积模板量 × （1 + 制作和安装损耗率）

② 确定损耗量　损耗量是指每次加工修补所消耗的木材量。

$$损耗量 = \frac{一次使用量 \times (周转次数 - 1) \times 损耗率}{周转次数}$$

$$损耗率 = 平均每次损耗量 / 周转次数$$

③ 周转次数　周转性材料在补损条件下可以重复使用的次数。

④ 周转使用量　周转性材料在周转使用和补损的条件下，每周转一次平均所需要的木材量。

⑤ 回收量　周转材料每周转一次后，可以平均回收的数量。

⑥ 摊销量　完成一定计量单位建筑产品，一次所需要摊销的周转性材料的数量。

$$摊销量 = 周转使用量 - 回收量$$

五、机械台班定额

（一）概念

机械台班定额是指在合理的劳动组织，合理的使用材料和使用施工机械的条件下，完成单位合格产品或某项工作所必须消耗的施工机械的作业标准。

（二）表现形式

机械台班定额按其表现形式的不同，可分为时间定额和产量定额两种。

1. 机械台班时间定额

机械台班时间定额是指某种机械，在正常的施工条件下，完成单位合格产品所必需消耗的台班数量。

机械台班时间定额计量单位：台班/m（或 m²、m、t、根、块……）

2. 机械台班产量定额

机械台班产量定额是指某种机械在合理施工组织和正常施工条件下，单位时间内完成的合格产品的数量。

机械台班产量定额计量单位：m（或 m²、m、t、根、块……）/台班

3. 机械台班时间定额与产量定额的关系

（1）个人完成的机械台班时间定额和产量定额互为倒数。

（2）对于小组完成的机械台班时间定额和产量定额，两者就不是通常所说的倒数关系。机械台班时间定额与产量定额之积，在数值上恰好等于小组成员数总和。

第三节 装饰工程预算定额

一、概述

（一）概念

装饰预算定额是指在正常合理的施工条件下，规定完成一定计量单位的分项工程或结构构件所必须的人工、材料和施工机械台班以及价值货币表现的消耗数量标准。

装饰预算定额是国家或各省、市、自治区主管部门或授权单位组织编制并颁发执行的，是基本建设预算制度中的一项重要技术经济法规。它的法令性质保证了在定额适用范围内的建筑装饰工程有统一的造价与核算尺度。

（二）装饰预算定额的作用

（1）它是编制装饰施工图预算的依据，也是编制标底和确定投标报价的基础。

（2）它是编制装饰施工组织设计的依据，也是评价工艺设计方案合理性的基础。

（3）它是施工企业与建设单位办理工程结算的依据，也是施工企业进行经济核算的基础。

（4）它是编制装饰概算定额和概算指标的基础。

二、建筑装饰工程预算定额的编制

（一）编制原则

（1）必须全面贯彻执行党和国家有关基本建设产品价格的方针和政策。

（2）必须贯彻"技术先进、经济合理"的原则。

（3）必须体现"简明扼要、项目齐全、使用方便、计算简单"的原则。

（二）编制依据

（1）国家或各省、市、自治区现行的施工定额或劳动定额、材料消耗定额和施工机械台班定额，以及现行的建筑装饰工程预算定额等有关定额资料。

（2）现行的设计规范、施工及验收规范、质量评定标准和安全操作规程等文件。

（3）通用设计标准图集、定型设计图纸和有代表性的设计图纸等有关设计文件。

（4）新技术、新结构、新工艺和新材料以及科学实验、技术测定和经济分析等有关最新科学技术资料。

（5）市场的人工价格、材料价格和施工机械台班费用等有关价格资料。

（三）编制步骤

建筑装饰工程预算定额编制一般分为三个阶段。

（1）准备阶段。

（2）编制初稿阶段。

（3）审定阶段。

（四）编制方法

（1）根据编制预算定额的有关资料，参照施工定额分项项目，综合确定定额的分部分项工程（或结构构件）项目及其所含子项目的名称和工作内容。

（2）根据正常的施工组织设计，正确合理地确定施工方法。

（3）根据分项工程（或结构构件）的形体特征和变化规律确定定额项目计量单位、确定原则和表示方法，具体如下。

① 当物体的长、宽、高都发生变化时，应当采用立方米为计量单位，如土方、砖石、钢筋混凝土等工程；当物体有一定的厚度，而面积不固定时，应当采用平方米为计量单位，如地面、墙面和天棚抹灰、屋向工程等。

② 当物体的截面形状和大小不变，而长度发生变化时，应当采用延长米为计量单位，如楼梯扶手、阳台栏杆、装饰线工程等。

③ 物体的体积或面积相同，但重量和价格差异较大时，应当采用吨或公斤为计量单位，如金属构件制作、安装工程场等。

④ 当物体形状不规则，难以量度时，则采用自然单位为计量单位，如根、榀、套等。

（4）根据确定的分项工程或结构构件项目及其子项目，结合选定的典型设计图纸或资料、典型施工组织设计，计算工程量并确定定额人工、材料和施工机械台班消耗量指标。

（5）按建筑工程预算定额的工程特征，包括工作内容、施工方法、计量单位以及具体要求，编制简要的定额说明。

（五）各项消耗量的确定

1. 人工工日消耗量的确定

定额人工工日消耗量，是指完成规定计量单位的装饰分项工程所必须的各个工序用量之和，包括基本用工和其他用工。定额人工工日消耗量的表现形式为：不分工种和技术等级，一律以综合工日表示。

$$人工工日消耗量＝基本用工＋其他用工$$

$$其他用工＝辅助用工＋超运距用工＋人工幅度差$$
$$人工幅度差＝（基本用工＋辅助用工＋超运距用工）×10\%$$

2. 材料消耗量的确定

列出各主要材料名称和消耗量；对一些用量很小的次要材料，可合并一项按"其他材料费"，以金额"元"来表示，但占材料总价值的比重不能超过 $2\%\sim3\%$。

3. 机械台班消耗量的确定

列出各种主要机械名称，消耗定额以"台班"表示；对于一些次要机械，可合并成一项按"其他机械费"，直接以金额"元"列入定额表。

$$计算机械台班消耗量＝施工定额中台班用量＋机械幅度差$$

（六）装饰预算定额基价的确定

建筑装饰工程预算定额定中应只有三量而没有三价，但各省、地区定额为了计价方便也列出定额基价，其中人工费、材料费、机械使用费分别列出。

$$定额基价＝人工费＋材料费＋机械费$$
$$人工费＝人工单价×人工工日消耗量$$
$$材料费＝\sum 材料预算价×材料消耗量$$
$$机械费＝\sum 机械台班单价×机械台班消耗量$$

1. 人工工日单价的确定

人工工日单价是指一个建筑安装工人一个工作日里在预算中应计入的全部人工费用。人工工日单价的组成有以下几项。

（1）基本工资。

（2）工资性补贴　物价、煤、燃气、交通和住房的补贴，流动施工津贴。

（3）生产工人辅助工资　生产工人年有效施工天数以外非作业天数的工资。

（4）职工福利费。

（5）生产工人劳动保护费　劳动用品的购置及修理费、徒工服装补贴、降温费和保健费。

（6）住房公积金、劳动保险费。

（7）危险作业意外伤害保险费。

（8）工会经费、职工教育经费。

生产工人的基本工资是根据工人的工资（技术）等级、定额平均工资等级、工资等级系数以及工资标准来计算的。

2. 材料预算价格的确定

材料预算价格指材料由来源地或交货地点，到达工地仓库或指定堆放地点后的出库价格。

（1）材料预算价格的组成

① 材料原价（供应价格）：材料的出厂价、交货地价格、市场批发牌价、材料的供应价格。

② 材料运杂费：材料自来源地运至工地仓库或指定堆放地点所发生的全部费用。

③ 采购及保管费：组织采购、供应和保管材料过程中所需的各项费用，包括采购费、

仓储费、工地保管费和仓储损耗。

④ 包装费和供销部门手续费。

(2) 材料预算价格的计算。

材料预算价格＝(材料原价＋供销部门手续费＋包装费＋运输及运输损耗费)×(1＋采购及保管费率)－包装回收值

3. 机械台班单价的确定

机械台班单价(预算价格)是为保证机械正常运转，一个台班中所支付和分摊的各种费用之和。

施工机械台班预算价格由第一类费用和第二类费用组成。第一类费用是指不因施工地点和条件的变化而改变的费用，也称不变费用；第二类费用是指随着施工地点和条件的不同而发生较大变化的费用，也称可变费用。

(1) 不变费用的组成

① 折旧费：施工机械在规定使用年限内，陆续收回其原值及购置资金的时间价值的费用。

② 大修理费：施工机械按规定的大修理间隔台班进行必要的大修理，以恢复其正常功能所需的费用。

③ 经常修理费：施工机械除大修理以外的各级保养和临时故障排除所需的费用。

④ 安拆费：施工机械在现场进行安装与拆卸所需的人、材、机费和试运转费，以及机械辅助设施的折旧、搭设和拆除等费用。

⑤ 场外运费：施工机械整体、分体自停放地点运至施工现场或由一个施工地点运至另一施工地点的运输、装卸、辅助材料及架线等费用。

(2) 可变费用的组成

① 人工费：机上司机、司炉和其他操作人员的工作日人工费及上述人员在机械规定的年工作台班以外的人工费。

② 燃料动力费：机械在运转中消耗的燃料、水、电等的费用。

③ 其他费用：养路费、车船使用税、保险费、年检费。

三、建筑装饰工程预算定额手册

(一) 预算定额手册的内容

为了便于确定各分部分项工程或结构构件的人工、材料和机械台班等的消耗指标及相应的价值货币表现的指标，将预算定额按一定的顺序汇编成册。这种汇编成册的预算定额，称为建筑装饰工程预算定额手册。

装饰工程预算定额手册的内容由目录、总说明、建筑面积计算规则、分部分项工程说明及其相应的工程量计算规则、定额项目表和有关附录等组成。

(二) 定额编号

1. 作用

提高施工图预算编制水平，便于查阅和审查所选套的定额项目是否正确。

2. 编号方法

(1) 三符号表示法

$$\underset{\text{分部}}{\triangle} \text{——} \underset{\text{分项}}{\triangle} \text{——} \underset{\text{子项目序号}}{\triangle}$$

（2）两符号表示法

$$\underset{\text{分部}}{\triangle} \text{——} \underset{\text{分项序号}}{\triangle}$$

（三）装饰工程预算定额的应用

1. 直接套用预算定额项目

当建筑物的施工设计与分项定额表中工作内容一致时，可直接套用定额项目，绝大多数工程项目属于这种情况。其选套定额项目的步骤如下。

（1）从定额目录中查出某分部分项工程所在定额编号。

（2）判断该分部分项工程内容与定额规定的工程内容是否一致，是否可直接套用定额基价。

（3）计算分项工程或结构构件的工料用量及基价。

2. 定额的换算

当施工设计要求与定额项目的工程内容、材料规格、施工方法不完全一致，并规定允许换算时，按定额编制说明、附注、加工表的有关说明和规定换算定额，并应在原定额编号右下角注明"换"字，以示区别。如砂浆、混凝土配合比换算，铝合金门窗等的换算。换算的内容：一是换算后的材料量，二是换算后的基价。

换算后的基价＝定额基价＋（设计材料单价－定额材料单价）×定额材料量

3. 预算定额的补充

当施工图纸中的项目内容采用的是新材料、新工艺、新结构，而这些项目还未列入预算定额中或预算定额中缺少某类项目，也没有相类似的定额供参照时，为了确定其预算价值，就必须补充定额。当采用补充定额时，应在定额编号内填写一个"补"字。

复习思考题

1. 定额是如何分类的？

2. 什么是劳动定额？有哪几种表现形式？

3. 装饰工程预算定额的概念和作用是什么？

4. 什么是材料的预算价格？它由哪些费用项目组成？

5. 机械台班单价由哪些费用组成？

6. 怎样使用装饰工程预算定额手册？

第四章

建筑装饰工程量的计算

第一节　工程量计算概述

一、工程量概念

（一）概念

工程量是把设计图纸的内容转化为按照定额的分项工程或结构构件项目划分的以物理计量单位和自然计量单位表示的实物数量。

（二）计量单位

（1）物理计量单位：以分项工程或结构构件的物理属性为计量单位，如长度、面积、体积和重量等。

（2）自然计量单位：指以客观存在的自然实体为单位的计量单位，如个、台、套、座和组等。

二、工程量计算原则

工程量计算原则可以归纳为八个字："准确、清楚、明了、详细"。

（1）准确：表示工程量计算的质量，没有准确的工程量计算，就难以得到准确的工程投标报价，在工程量清单报价中会使决策者失去不平衡报价的机会。

（2）清楚：计算书要清楚、工整，减少计算错误。

（3）明了：使自己和他人无论何时都能明白计算过程的含义，免去解释和发生误解。

（4）详细：计算书要经得起时间的考验，使自己和他人任何时候都能明确数字的来源，易于复核。

三、工程量计算要求

1. 列项要正确

计算工程量时，按施工图列出的分项工程必须与预算定额中相应的分项工程一致。例如：水磨石楼地面分项工程，预算定额中包含水泥白石子浆面层、素水泥浆及分带嵌条与不带嵌条，但不包含水泥砂浆结合层。计算分项工程量时就应列面层及结合层二项，又如，水磨石楼梯面层，预算定额中已包含水泥砂浆结合层，则计算时就不应再另列项目。因此，在计算工程量时，除了熟悉施工图纸及工程量计算规则外，还应掌握预算定额中每个分项工程的工作内容和范围，避免重复列项及漏项。

2. 工程量计算规则要一致，避免错算

计算工程量采用的计算规则，必须与本地区现行的预算定额计算规则相一致。

3. 计量单位要一致

计算工程量时，所列出的各分项工程的计量单位，必须与所使用的预算定额中相应项目的计量单位相一致。例如楼地面层，《全国统一建筑装饰工程定额》以面积计，在计算工程量时，一定要与所用定额一致，以免发生差错。

4. 工程量计算精度要统一

工程量的计算结果，除钢材、木材取三位小数外，其余一般取小数点后两位。

四、计算工程量的方法

为了便于计算和审核工程量，防止遗漏或重复计算，根据工程项目的不同性质，要按相应的顺序进行计算。

(1) 按顺时针方向计算。从平面图左上角开始，按顺时针方向逐步计算，绕一周回到左上角。适用范围：楼地面、天棚、室内装修等。

(2) 先横后竖，先上后下，先左后右。以平面图上横竖方向分别从左到右或从上到下逐步计算。适用范围：内墙、各种间隔墙。

(3) 按轴线编号顺序计算。此方法适用于计算内外墙装饰等。

(4) 按图纸上的构、配件编号分类依次计算。此法按照各类不同的构配件，如门窗和金属构件等的自身编号分别依次计算。

另外，在计算工程量过程中，要运用统筹法原理，对每个分项工程的工程量进行分析，然后依据计算过程的内在联系，按先主后次，统筹安排计算程序，从而简化烦琐的计算。

第二节　建筑面积计算规则

一、建筑面积的概念及作用

（一）建筑面积的概念

建筑面积是指房屋建筑水平平面面积，以平方米为单位计算出的建筑物各层面积的总和。建筑面积包括使用面积、辅助面积和结构面积。

使用面积是指可直接为生产或生活使用的净面积。

辅助面积是指为辅助生产或生活所占净面积的总和。如楼梯、楼道等。

结构面积是指建筑物各层中的墙体、柱等结构在平面布置上所占面积的总和。

（二）建筑面积的作用

(1) 计算建筑物占地面积、土地利用系数、使用面积系数、容积率系数、开工和竣工面积、优良工程率等指标的依据。

（2）它是一项建筑工程重要的技术经济指标，可通过其计算各经济指标，如单位面积造价、人工材料消耗指标。

（3）它是编制设计概算的一项重要参数。

二、建筑面积计算规则

建筑面积应根据国家制定的《建筑工程建筑面积计算规范》GB/T 50353—2005 进行计算，由规范主要内容有总则、术语、计算建筑面积的规定。

（一）总则

（1）为规范工业与民用建筑工程的面积计算，统一计算方法，制定本规范。

（2）本规范适用于新建、扩建、改建的工业与民用建筑工程的面积计算。

（3）建筑面积计算应遵循科学、合理的原则。

（4）建筑面积计算除应遵循本规范，尚应符合国家现行的有关标准规范的规定。

（二）术语

（1）层高　上下两层楼面或楼面与地面之间的垂直距离。

（2）自然层　按楼板、地板结构分层的楼层。

（3）架空层　建筑物深基础或坡地建筑吊脚架空部位不回填土石方形成的建筑空间。

（4）走廊　建筑物的水平交通空间。

（5）挑廊　挑出建筑物外墙的水平交通空间。

（6）檐廊　设置在建筑物底层出檐下的水平交通空间。

（7）回廊　在建筑物门厅、大厅内设置在二层或二层以上的回形走廊。

（8）门斗　在建筑物出入口设置的起分隔、挡风、御寒等作用的建筑过渡空间。

（9）建筑物通道　为道路穿过建筑物而设置的建筑空间。

（10）架空走廊　建筑物与建筑物之间，在二层或二层以上专门为水平交通设置的走廊。

（11）勒脚　建筑物的外墙与室外地面或散水接触部位墙体的加厚部分。

（12）围护结构　围合建筑空间四周的墙体、门、窗等。

（13）围护性幕墙　直接作为外墙起围护作用的幕墙。

（14）装饰性幕墙　设置在建筑物墙体外起装饰作用的幕墙。

（15）落地橱窗　突出外墙面根基落地的橱窗。

（16）阳台　供使用者进行活动和晾晒衣物的建筑空间。

（17）眺望间　设置在建筑物顶层或挑出房间的、供人们远眺或观察周围情况的建筑空间。

（18）雨篷　设置在建筑物进出口上部的遮雨、遮阳篷。

（19）地下室　房间地平面低于室外地平面的高度超过该房间净高的1/2者为地下室。

（20）半地下室　房间地平面低于室外地平面的高度超过该房间净高的1/3，且不超过1/2者为半地下室。

（21）变形缝　伸缩缝（温度缝）、沉降缝和抗震缝的总称。

（22）永久性顶盖　经规划批准设计的永久使用的顶盖。

（23）飘窗　为房间采光和美化造型而设置的突出外墙的窗。

（24）骑楼　楼层部分跨在人行道上的临街楼房。

（25）过街楼　有道路穿过建筑空间的楼房。

（三）计算建筑面积的规定

（1）单层建筑物的建筑面积，应按其外墙勒脚以上结构外围水平面积计算。并应符合下列规定。

① 单层建筑物高度在 2.20m 及以上者应计算全面积；高度不足 2.20m 者应计算 1/2 面积。见图 4-1。

② 利用坡屋顶内空间时，顶板下表面至楼面的净高超过 2.10m 的部位应计算全面积；净高在 1.20～2.10m 的部位应计算 1/2 面积；净高不足 1.20m 的部位不应计算面积。

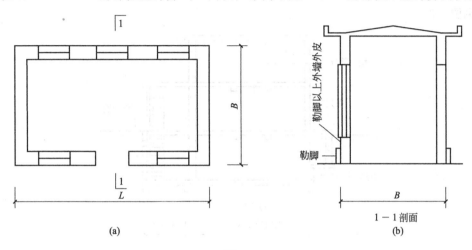

图 4-1

（2）单层建筑物内设有局部楼层者，局部楼层的二层及以上楼层，有围护结构的应按其围护结构外围水平面积计算，无围护结构的应按其结构底板水平面积计算。层高在 2.20m 及以上者应计算全面积；层高不足 2.20m 者应计算 1/2 面积。见图 4-2。

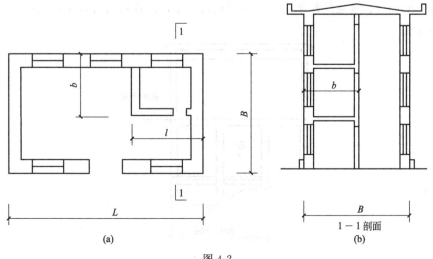

图 4-2

（3）多层建筑物首层应按其外墙勒脚以上结构外围水平面积计算；二层及以上楼层应按其外墙结构外围水平面积计算。层高在 2.20m 及以上者应计算全面积；层高不足 2.20m 者应计算 1/2 面积。

（4）多层建筑坡屋顶内和场馆看台下，当设计加以利用时净高超过 2.10m 的部位应计算全面积；净高在 1.20～2.10m 的部位应计算 1/2 面积；当设计不利用或室内净高不足 1.20m 时不应计算面积。

（5）地下室、半地下室（如车间、商店、车站、车库、仓库等），包括相应的有永久性顶盖的出入口，应按其外墙上口（不包括采光井、外墙防潮层及其保护墙）外边线所围水平面积计算。层高在 2.20m 及以上者应计算全面积；层高不足 2.20m 者应计算 1/2 面积。见图 4-3。

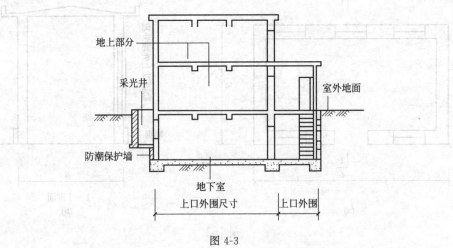

图 4-3

（6）坡地的建筑物吊脚架空层、深基础架空层，设计加以利用并有围护结构的，层高在 2.20m 及以上的部位应计算全面积；层高不足 2.20m 的部位应计算 1/2 面积。设计加以利用、无围护结构的建筑吊脚架空层，应按其利用部位水平面积的 1/2 计算；设计不利用的深基础架空层、坡地吊脚架空层、多层建筑坡屋顶内和场馆看台下的空间不应计算面积。见图 4-4。

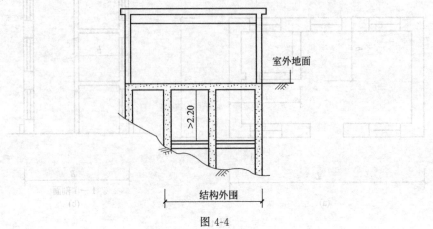

图 4-4

（7）建筑物的门厅、大厅按一层计算建筑面积。门厅、大厅内设有回廊时，应按其结构底板水平面积计算。回廊层高在 2.20m 及以上者应计算全面积；层高不足 2.20m 者应计算 1/2 面积。

（8）建筑物间有围护结构的架空走廊，应按其围护结构外围水平面积计算。层高在 2.20m 及以上者应计算全面积；层高不足 2.20m 者应计算 1/2 面积。有永久性顶盖无围护结构的，应按其结构底板水平面积的 1/2 计算。

（9）立体书库、立体仓库、立体车库，无结构层的应按一层计算，有结构层的应按其结构层面积分别计算。层高在 2.20m 及以上者应计算全面积；层高不足 2.20m 者应计算 1/2 面积。

（10）有围护结构的舞台灯光控制室，应按其围护结构外围水平面积计算。层高在 2.20m 及以上者应计算全面积；层高不足 2.20m 者应计算 1/2 面积。

（11）建筑物外有围护结构的落地橱窗、门斗、挑廊、走廊、檐廊，应按其围护结构外围水平面积计算。层高在 2.20m 及以上者应计算全面积；层高不足 2.20m 者应计算 1/2 面积。有永久性顶盖无围护结构的，应按其结构底板水平面积的 1/2 计算。见图 4-5。

（12）有永久性顶盖无围护结构的场馆看台，应按其顶盖水平投影面积的 1/2 计算。

（13）建筑物顶部有围护结构的楼梯间、水箱间、电梯机房等，层高在 2.20m 及以上者应计算全面积；层高不足 2.20m 者应计算 1/2 面积。见图 4-6、图 4-7。

（14）设有围护结构不垂直于水平面而超出底板外沿的建筑物，应按其底板面的外围水平面积计算。层高在 2.20m 及以上者应计算全面积；层高不足 2.20m 者应计算 1/2 面积。

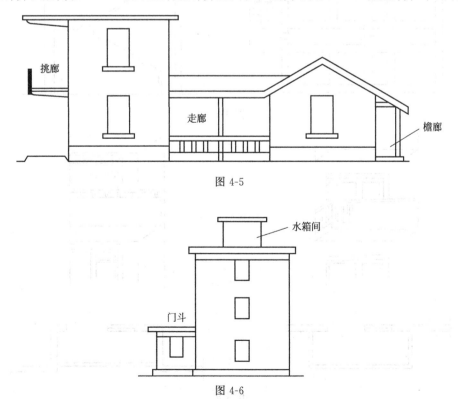

图 4-5

图 4-6

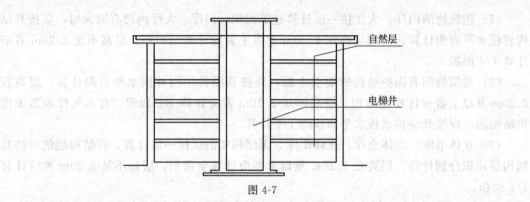

图 4-7

（15）建筑物内的室内楼梯间、电梯井、观光电梯井、提物井、管道井、通风排气竖井、垃圾道和附墙烟囱应按建筑物的自然层计算。

（16）雨篷结构的外边线至外墙结构外边线的宽度超过 2.10m 者，应按雨篷结构板的水平投影面积的 1/2 计算。

（17）有永久性顶盖的室外楼梯，应按建筑物自然层的水平投影面积的 1/2 计算。见图 4-8。

（18）建筑物的阳台均应按其水平投影面积的 1/2 计算。见图 4-9。

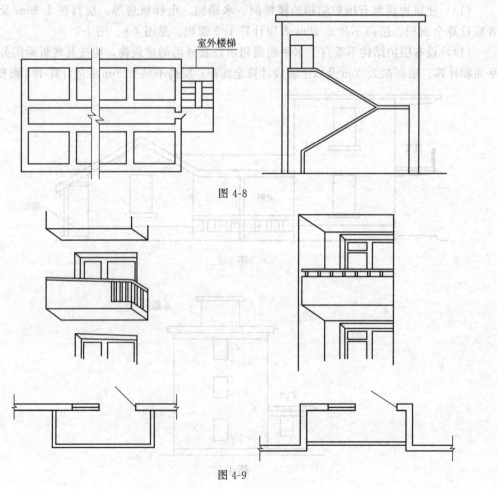

图 4-8

图 4-9

（19）有永久性顶盖无围护结构的车棚、货棚、站台、加油站、收费站等，应按其顶盖水平投影积的 1/2 计算。见图 4-10。

（20）高低联跨的建筑物，以高跨结构外边线为界分别计算建筑面积，其高低跨内部连通时，变形缝应计算在低跨面积内。见图 4-11。

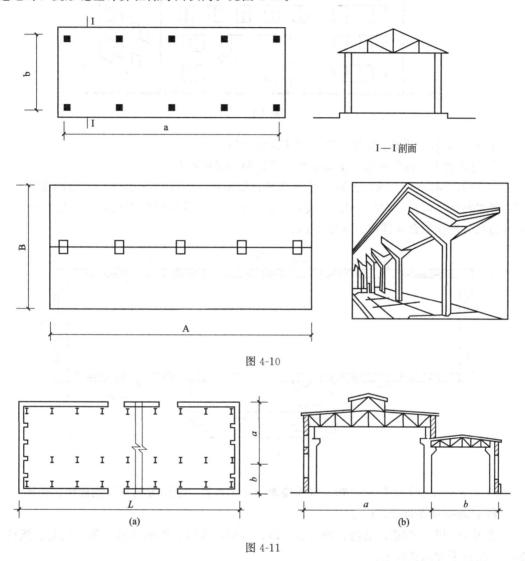

I—I 剖面

图 4-10

图 4-11

（21）以幕墙作为围护结构的建筑物，应按幕墙外边线计算建筑面积。

（22）建筑物外墙外侧有保温隔热层的，应按保温隔热层外边线计算建筑面积。

（23）建筑物内的变形缝，按其自然层合并在建筑物面积内算。

（24）下列项目不应计算面积。

① 建筑物通道（骑楼、过街的底层）。见图 4-12。

② 建筑物内的设备管道夹层。

③ 建筑物内分隔的单层房间，舞台及后台的天桥、挑台等。

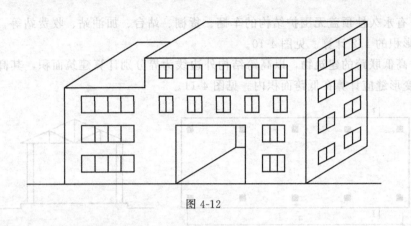

图 4-12

④ 屋顶水箱、花架、凉棚、露台和露天游泳池。

⑤ 建筑物内的操作平台、上料平台、安装箱和罐体的平台。

⑥ 勒脚、附墙柱、垛、台阶、墙面抹灰、装饰面、镶贴块料面层、装饰性幕墙、空调室外机搁板（箱）、飘窗、构件、配件、宽度在 2.1m 及以内的雨篷以及与建筑物内不相连通的装饰性阳台和挑廊。见图 4-13。

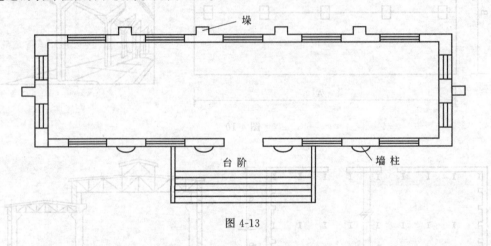

图 4-13

⑦ 无永久性顶盖的架空走廊、室外楼梯和用于检修、消防等的室外钢楼梯、爬梯。

⑧ 自动扶梯和自动人行道。

⑨ 独立烟囱、烟道、地沟、油（水）罐、气柜、水塔、贮油（水）池、贮仓、栈桥、地下人防通道和地铁隧道。

三、计算实例

【例 4-1】 如图 4-14 所示，某建筑物的平、立面图，计算其建筑面积。

解 建筑面积=$(3.6+3.3+2.7+0.24)×(2+3+0.24)-2.7×2+(2.7+0.3)×$
$(2+0.3)÷2$

=49.61(m^2)

【例 4-2】 如图 4-15 所示，计算半凸半凹阳台的建筑面积。图中 $a=0.9m$、$b=1.2m$、$c=3.06m$、$d=3.3m$。

解　挑阳台建筑面积＝0.9×3.3÷2＝1.485 （m²）

凹阳台建筑面积＝1.2×3.06÷2＝1.836 （m²）

总台建筑面积＝1.485＋1.836＝3.321 （m²）

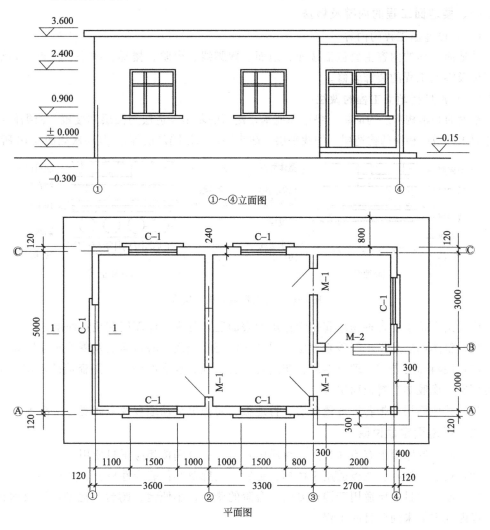

①～④立面图

平面图

图 4-14

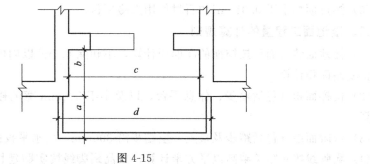

图 4-15

第三节 楼地面工程

一、楼地面工程的内容及做法

（一）楼地面工程的内容

楼地面工程的内容主要包括楼面、地面、踢脚线、台阶、楼梯、扶手、栏板、防滑条等部位及零星工程的装饰装修。

（二）常见楼地面工程的做法

地面的基本构造层为面层、垫层和地基；楼面的基本构造层为面层和楼板。根据使用和构造要求可增设相应的构造层（如找平层、防水层、保温隔热层等）。其层次如图 4-16 所示。

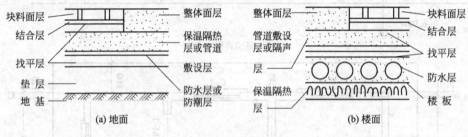

图 4-16 常见楼地面构造层次

面层是直接承受各种物理和化学作用的表面层，分为整体面层和块料面层。

（1）整体面层是指水泥砂浆面层、混凝土面层、现浇水磨石面层及菱苦土面层等。

（2）块料面层是指大理石面层、花岗岩面层、预制水磨石面层、陶瓷锦砖面层、水泥方砖面层、橡胶和塑料板面层等。

（3）其他面层是指各类地毯面层、竹地板、防静电活动地板及金属复合地板等。

二、楼地面定额说明

（1）同一铺贴面上有不同种类、材质的材料，应分别按相应子目使用。

（2）扶手、栏杆、栏板适用于楼梯、走廊、回廊及其他装饰性栏杆、栏板。

（3）零星项目面层适用于楼梯侧面、台阶的侧面、小便池、蹲台、池槽，以及面积在 1m² 以内且定额未列项目的工程。

（4）木地板填充材料，可按《全国统一建筑工程基础定额》相应项目计算。

（5）大理石、花岗岩楼地面拼花按成品考虑。

（6）镶拼面积小于 0.015m² 的石材使用点缀项目。

三、楼地面工程量的计算规则

（1）楼地面装饰面积按饰面的净面积计算，不扣除 0.1m² 以内的孔洞所占面积。拼花部分按实贴面积计算。

（2）楼梯面积（包括踏步、休息平台，以及小于 500mm 宽的楼梯井）按水平投影面积计算。

（3）台阶面层（包括踏步及最上一层踏步沿 300mm）按水平投影面积计算。

（4）踢脚线按实贴长乘高以平方米计算，成品踢脚线按实贴延长米计算。楼梯踢脚线按踢脚线相应项目乘以 1.15 系数。

（5）点缀按个计算，计算主体铺贴地面面积时，不扣除点缀所占面积。

（6）零星项目按实铺面积计算。

（7）栏杆、栏板、扶手均按其中心线长度以延长米计算，计算扶手时不扣除弯头所占长度。

（8）弯头按个计算。

（9）石材底面刷养护液按底面面积加 4 个侧面面积，以平方米计算。

四、工程量计算实例

【例 4-3】 某高校实习工厂如图 4-17、图 4-18 所示，要求地面做现浇整体水磨石面层，试计算其工程量。

解 分析：计算楼地面整体面层时，根据规则，室内的独立柱、附墙的垛均不扣除其所占的面积，洞口、空圈开口部分不增加面积。

地面水磨石整体面层工程量

$S=(7.20-0.24)\times(8.10-0.24)+(3.60-0.24)\times(3.00-0.24)+(3.60-0.24)\times$
$(5.10-0.24)$

$\qquad =80.31(\mathrm{m}^2)$

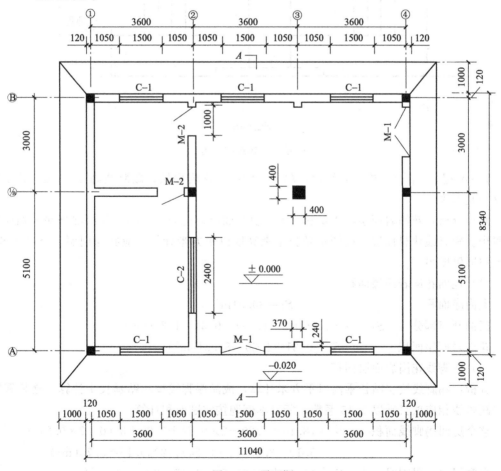

图 4-17 平面图

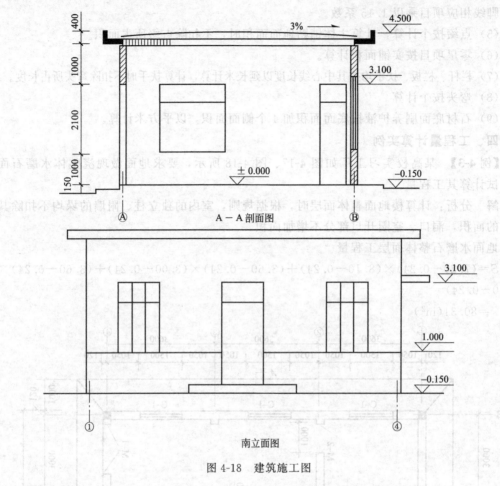

图 4-18 建筑施工图

【例 4-4】 在例 4-3 中，若地面、踢脚线铺贴花岗岩面层，踢脚线高 150mm，其工程量又该是多少？

解 分析：花岗岩面层属于块料面层，块料面层，门洞、空圈、开口部分并入相应工程量中。踢脚线块料面层，按图示延长米乘高度以平方米计算。应扣除门洞、空圈面积，门洞空圈侧壁另加。

（1）地面花岗岩面层面积

室内净面积 $\qquad\qquad S_1 = 80.31 \text{m}^2$

门洞开口部分 $\qquad S_2 = (2 \times 1.50 + 2 \times 1.00) \times 0.24 = 1.20 (\text{m}^2)$

花岗岩面层面积 $\qquad S = 80.31 + 1.20 = 81.51 (\text{m}^2)$

（2）踢脚线花岗岩面层面积

分析：踢脚线按实贴长乘高以平方米计算，成品踢脚线按实贴延长米计算。楼梯踢脚线按踢脚线相应项目乘以 1.15 系数，所以本例题按实贴面积计算。

整个房间踢脚线面积 $\quad S_1 = (8.10 + 7.20 - 2 \times 0.24 + 3.00 + 3.60 - 2 \times 0.24 +$
$\qquad\qquad\qquad 5.10 + 3.60 - 2 \times 0.24) \times 2 \times 0.15 = 8.75 (\text{m}^2)$

水磨门洞口踢脚线面积 $\quad S_2 = (1.50 + 1.00 \times 2) \times 0.15 \times 2 = 1.05 (\text{m}^2)$

门洞口侧壁面积　　　　　$S_3 = 0.24 \times 0.15 \times 8 = 0.29(\text{m}^2)$

踢脚线花岗岩面层面积　　$S = 8.75 - 1.05 + 0.29 = 7.99(\text{m}^2)$

从上述两例题可以看到，同一地面，由于地面做法不同、选材不同，其工程量结果也不同。因此，在实际工作中应对此加以重视。

【例4-5】 某工程楼梯如图4-19所示，计算其楼梯的工程量。

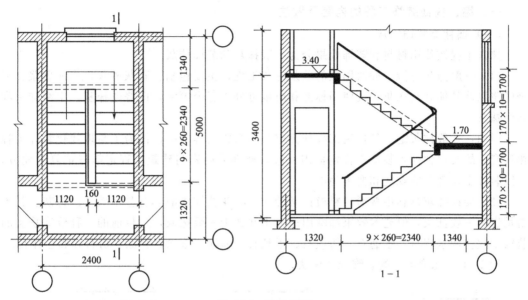

图4-19　楼梯详图

解 分析：因为规则规定楼梯面积（包括踏步、休息平台，以及小于500mm宽的楼梯井）按水平投影面积计算。注意若楼梯与走廊连接的，应以楼梯踏步梁或平台梁的外边缘为界，线内为楼梯面积，线外为走廊面积。

本项工程的楼梯井宽度0.16m，故不扣除。

楼梯的工程量$= (2.4 - 0.24) \times (2.34 + 1.34 - 0.12) = 7.68(\text{m}^2)$

【例4-6】 某建筑物门前台阶如图4-20所示，试计算贴大理石台阶面层的工程量。

解 规则规定台阶面层（包括踏步及最上一层踏步沿300mm）按水平投影面积计算。

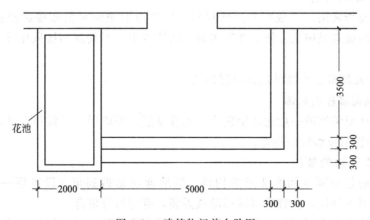

图4-20　建筑物门前台阶图

台阶贴大理石面层的工程量：

$$S=(5+0.3\times2)\times0.3\times3+(3.5-0.3)\times0.3\times3=7.92(m^2)$$

第四节 墙、柱面装饰工程

一、墙、柱面装饰工程的内容及做法

（一）墙柱面装饰抹灰

抹灰工程按使用材料和装饰效果分为一般抹灰和装饰抹灰。

（1）一般抹灰是指一般通用型的砂浆抹灰工程，主要包括：石灰砂浆、水泥砂浆、混合砂浆以及其他砂浆抹灰。按使用标准和质量可分为三个等级，即普通抹灰、中级抹灰和高级抹灰。

说明：一般抹灰定额是建筑工程预算定额的组成内容之一，但为了与现代化装饰工程相配套，故又单独列入装饰工程定额内。假若此部分内容与建筑工程定额有重复的地方，均以装饰工程部分的规定和要求为准。

（2）装饰抹灰是利用普通材料模仿某种天然石花纹抹成的具有艺术效果的抹灰。其价格稍贵于一般抹灰，但艺术效果和耐用性大于并强于一般抹灰，是目前的一种价廉物美的装饰工程。如水刷石、水磨石、斩假石、干粘石、喷涂、滚涂、弹涂、仿石和彩色抹石。

图 4-21 为几种常见的装饰抹灰做法。

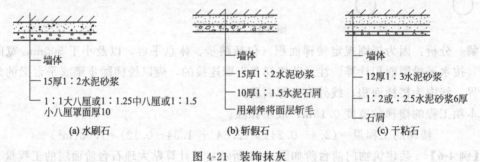

图 4-21 装饰抹灰

（二）镶贴块料面层

块料面层是指采用一定规则的块状材料，用相应的胶结材料或胶黏剂铺砌而成的面层。这种面层的优点是施工方便、外形美观、清洁卫生、不起灰和抗风化等，现在已经广泛得到应用。

图 4-22 为几种常见的镶贴块料面层做法。

（三）玻璃面墙柱面装饰

玻璃面墙柱面装饰的一般构造层次为：龙骨基层、隔离层（夹板和卷材）和面层。

图 4-23 为镜面玻璃墙面构造。

（四）隔墙、隔断装饰

隔墙和隔断是分隔空间的非承重构件。隔墙通常是做到顶，设置后一般固定不变。隔断可到顶也可不到顶，设置后可以移动或拆装，空间可分可合。

隔墙按构造方式不同可分为砌块式隔墙、立筋式隔墙和板材式隔墙三类。如轻钢龙骨

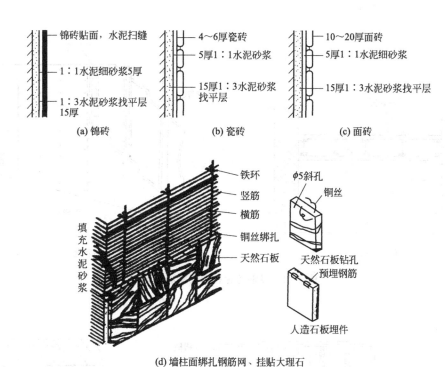

图 4-22　镶贴块料面层

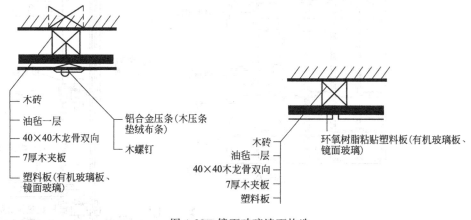

图 4-23　镜面玻璃墙面构造

石膏板隔墙构造（见图 4-24）。

（五）幕墙

幕墙是悬挂于主体结构上的轻质外围护墙，其类型按幕面材料分有玻璃、金属和轻质混凝土幕墙等，其中主要是玻璃幕墙，它一般由金属框格、玻璃、连接固体件、装修件和密封材料五个部分组成，此外还有窗台板、压顶板、泛水、防结凝和变形缝等专用件，其构造如图 4-25 所示。

二、墙、柱面装饰定额说明

（1）本章项目凡注明砂浆种类、配合比、饰面材料及型材的型号规格与设计不同时，

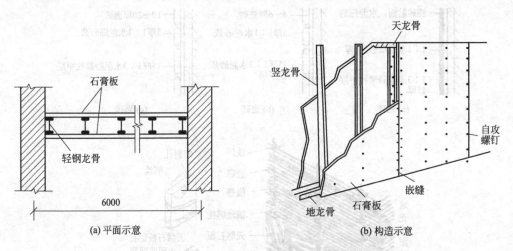

(a) 平面示意

(b) 构造示意

图 4-24 轻钢龙骨石膏板隔墙示意

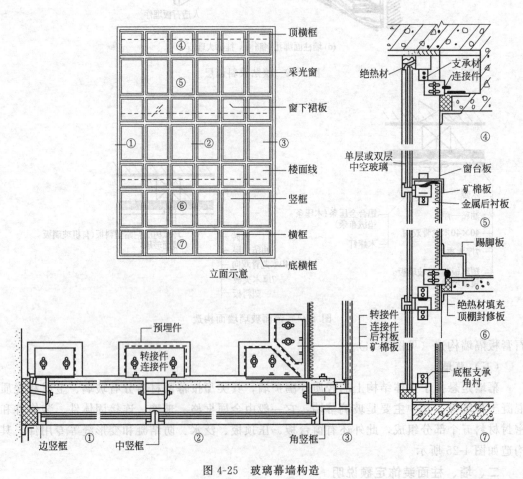

图 4-25 玻璃幕墙构造

可按设计规定调整，但人工、机械消耗量不变。

（2）抹灰砂浆厚度，如设计与定额取定不同时，除定额有注明厚度的项目可以换算外，其他一律不做调整（见表4-1）。

表 4-1　墙面抹灰厚度　　　　　　　　　　　　　　　　　　单位：mm

项　　目		基　　层		中　　层		面　　层	
		砂浆配合比	厚度	砂浆配合比	厚度	砂浆配合比	厚度
石灰砂浆	二遍 砖墙	1：3 石灰砂浆	8	—	—	1：3 石灰砂浆	8
	混凝土墙	1：3 水泥砂浆	8	—	—	1：3 水泥砂浆	8
	轻质墙	1：3 石灰砂浆	8	—	—	1：2.5 石灰砂浆	8
	钢板网墙	1：1：6 混合砂浆	8	—	—	1：1：6 混合砂浆	8
	三遍 砖墙	1：3 石灰砂浆	8	1：3 石灰砂浆	8	纸筋石灰浆	2
	混凝土墙	1：3 水泥砂浆	9	1：3：9 混合砂浆	9	纸筋石灰浆	2
	轻质墙	1：3 石灰砂浆	9	1：2.5 石灰砂浆	9	纸筋石灰浆	2
	钢板网墙	1：3 水泥砂浆	9	1：1：6 混合砂浆	9	纸筋石灰浆	2
混合砂浆	砖墙	1：1：6 混合砂浆	14	—	—	1：1：4 混合砂浆	6
	混凝土墙	1：1：6 混合砂浆	12	—	—	1：1：4 混合砂浆	8
	毛石墙	1：1：6 混合砂浆	12	1：1：6 混合砂浆	12	1：1：4 混合砂浆	6
	钢板网墙	1：1：6 混合砂浆	14	—	—	1：1：4 混合砂浆	6
	轻质墙	1：1：6 混合砂浆	14	—	—	1：1：4 混合砂浆	6
水刷豆石	砖、混凝土墙	水泥砂浆 1：3	12			水泥豆石浆 1：1.25	12
	毛石墙	水泥砂浆 1：3	18			水泥豆石浆 1：1.25	12
水刷白石子	砖、混凝土墙	水泥砂浆 1：3	12		—	水泥白石子浆 1：1.5	10
	毛石墙	水泥砂浆 1：3	20		—	水泥白石子浆 1：1.5	10
斩假石	砖、混凝土墙	水泥砂浆 1：3	12			水泥豆石浆 1：1.25	10
	毛石墙	水泥砂浆 1：3	18			水泥豆石浆 1：1.25	10
水磨石墙面		水泥砂浆 1：3	12			水泥白石子浆 1：1.5	10
墙柱面拉条	砖墙	混合砂浆 1：0.5：2	14			混合砂浆 1：0.5：1	10
	混凝土墙	混合砂浆 1：0.5：1	10			水泥砂浆 1：3	14
墙柱面甩毛	砖墙	混合砂浆 1：1：6	12			混合砂浆 1：1：4	6
	混凝土墙	水泥砂浆 1：3	10			水泥砂浆 1：2.5	6

（3）圆弧型、锯齿型等不规则墙面抹灰、镶贴块料按相应项目人工乘以系数1.15，材料乘以系数1.05。

（4）离缝镶贴面砖子目，面砖消耗量分别按缝宽5mm、10mm和20mm考虑，如灰缝不同或灰缝超过20mm以上者，其块料及灰缝材料（水泥砂浆1：1）用量允许调整，其他不变。

（5）镶贴块料和装饰抹灰的零星项目适用于挑檐、天沟、腰线、窗台线、门窗套、压顶、扶手和雨篷周边等。

（6）木龙骨基层是按双向计算的，如设计为单向时，材料、人工用量乘以系数0.55。

（7）木材种类除注明者外，均以一、二类木种为准，如采用三、四类木种时，人工及机械乘以系数1.3。

（8）面层、隔墙（间壁）、隔断（护壁）子目内，除注明者外均未包括压条、收边和装饰线（板），如设计要求时，应按相应子目使用。

（9）面层、木基层均未包括刷防火涂料，如设计要求时，应按相应子目使用。

（10）玻璃幕墙设计有平开、推拉窗者，仍使用幕墙项目，窗型材、窗五金相应增加，其他不变。

（11）玻璃幕墙中的玻璃按成品玻璃考虑，幕墙中的避雷装置、防火隔离层在定额中已综合，但幕墙的封边、封顶的费用另行计算。

（12）隔墙（间壁）、隔断（护壁）和幕墙等子目中龙骨间距、规格如与设计不同时，定额用量允许调整。

三、墙、柱面装饰工程量的计算规则

（1）外墙面装饰抹灰面积，按垂直投影面积计算，扣除门窗洞口和 $0.3m^2$ 以上的孔洞所占的面积，门窗洞口及孔洞侧壁面积亦不增加。附墙柱侧面抹灰面积并入外墙抹灰面积工程量内。

（2）柱抹灰按结构断面周长乘以高计算。

（3）女儿墙（包括泛水、挑砖）、阳台栏板（不扣除花格所占孔洞面积）内侧抹灰按垂直投影面积乘以系数 1.10，带压顶者按垂直投影面积乘以系数 1.30 按墙面定额执行。

（4）零星项目按设计图示尺寸以展开面积计算。

（5）墙面贴块料面层，按实贴面积计算。

（6）墙面贴块料、饰面高度在 300mm 以内者，按踢脚板项目使用。

（7）柱饰面面积按外围饰面尺寸乘以高度计算。

（8）挂贴大理石、花岗岩中其他零星项目的花岗岩、大理石是按成品考虑的，花岗岩、大理石柱墩和柱帽按最大外径周长计算。

（9）除项目已列有柱帽、柱墩的项目外，其他项目的柱帽、柱墩工程量按设计图示尺寸以展开面积计算，并入相应柱面积内；每个柱帽或柱墩另增人工：抹灰 0.25 工日，块料 0.38 工日，饰面 0.5 工日。

（10）隔断按墙的净长乘净高计算，扣除门窗洞口及 $0.3m^2$ 以上的孔洞所占面积。

（11）全玻隔断的不锈钢边框工程量按边框展开面积计算。

（12）全玻隔断、全玻幕墙如有加强肋者，工程量按其展开面积计算；玻璃幕墙、铝板幕墙以框外围面积计算。

（13）装饰抹灰分格、嵌缝按装饰抹灰面面积计算。

四、工程量计算实例

【例 4-7】 如图 4-26，设计要求室外墙面抹水泥砂浆，并抹水刷石墙裙（窗高 1800mm）。试计算其工程量。

解 分析：依据规则，外墙面装饰抹灰面积，按垂直投影面积计算，扣除门窗洞口和 $0.3m^2$ 以上的孔洞所占的面积，门窗洞口及孔洞侧壁面积亦不增加。附墙柱侧面抹灰面积并入外墙抹灰面积工程量内。

（1）水泥砂浆墙面抹灰面积

$$S=(12+18.5)\times2\times2.6-1.5\times1.8\times10-2\times(2.7-0.9)=128(m^2)$$

（2）水刷石墙裙抹灰面积

$$S=(12+18.5)\times2\times(0.9+0.3)-2\times0.9=71.4(m^2)$$

【例 4-8】 如图 4-26，设计要求轻质外墙墙面为石灰砂浆抹面（窗高 1800mm），石灰

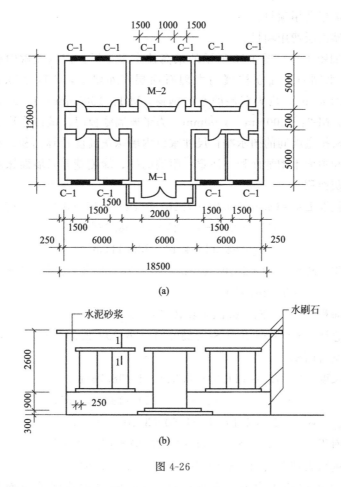

图 4-26

砂浆抹面做法如下：12mm 厚 1：3 石灰砂浆；10mm 厚 1：2.5 石灰砂浆，并抹水刷石墙裙。试计算其墙面装饰费用。

定额规定：9mm 厚 1：3 石灰砂浆，用量为 1.03m³/100m²，单价为 85.88 元/100m²；9mm 厚 1：2.5 石灰砂浆，用量为 1.03m³/100m²，单价为 90.75 元/100m²。基价为 497.69 元。

解 分析：依据定额说明规定，抹灰砂浆厚度，如设计与定额取定不同时，除定额有注明厚度的项目可以换算外，其他一律不做调整（见表 4-1）。故定额基价需要调整。

定额基价调整为

$$497.69+(12/9-1)\times1.03\times85.88+(10/9-1)\times1.03\times90.75=537.49 \text{ 元/}100(\text{m}^2)$$

墙面装饰费用为

$$71.4\times537.49/100=383.77(\text{元})$$

【例 4-9】 如图 4-23 镜面玻璃墙面，请进行定额项目列项。

解 此墙面装饰工程费用应包括以下四项。

（1）木龙骨基层费用项目。

（2）夹板基层费用项目。

（3）油毡隔离层费用项目。

（4）镜面玻璃面层费用项目。

【例 4-10】 如图 4-17、图 4-18 所示的某高校实习工厂，内墙面做中级抹灰；外墙面普通水泥白石子水刷石；独立柱镶贴大理石面层。外墙上，C-1：1500mm×2100mm，C-2：2400mm×2100mm，均为双层的空腹钢窗；M-1：1500mm×3100mm，为平开有亮玻璃门。内墙上，M-2：1000mm×3100mm，为半玻璃镶板门。试计算其工程量。

解 内墙抹灰按主墙间的图示净长尺寸乘以内墙抹灰高度计算面积，扣除门窗洞口面积，洞口的侧壁和顶面不增加面积。注意：附墙的柱、垛侧壁并入墙面抹灰面积中。

（1）内墙抹灰面积

内墙净长线长度 $L_内=(8.10-0.24+7.20-0.24+3.00-0.24+3.60-0.24+5.10-$
$$0.24+3.60-0.24)\times2=58.32(m)$$

内墙面积 $\quad\quad\quad S_1=58.32\times4.10=239.11(m^2)$

门窗洞口面积 $\quad S_2=1.50\times2.10\times5+2.40\times2.10+1.50\times3.10\times2+1.00\times3.10\times2$
$$=36.29(m^2)$$

附墙垛两侧面积 $\quad\quad S_3=0.24\times4.10\times4=3.94(m^2)$

内墙面抹灰总计 $\quad S=S_1-S_2+S_3=239.11-36.29+3.94=206.76(m^2)$

（2）外墙水刷石面积

外墙净长线长度 $\quad\quad L_外=(11.04+8.34)\times2=38.76(m)$

外墙面积 $\quad\quad\quad S_1=38.76\times(4.05+0.15)=180.23(m^2)$

门窗洞口面积 $\quad S_2=1.50\times2.10\times5+1.50\times3.10\times2=25.05(m^2)$

外墙水刷石面积 $\quad S=S_1-S_2=180.23-25.05=155.18(m^2)$

（3）独立柱镶贴大理石面积 $\quad S=4.10\times0.40\times4=6.56(m^2)$

【例 4-11】 某单层职工食堂，室内净高 3.9m 室内主墙间的净面积为 35.76m×20.76m，外墙墙厚为 240mm，外墙上设有 1500mm×2700mm 铝合金双扇地弹门 2 幢（型材框宽为 101.6mm，居中立樘），1800mm×2700mm 铝合金双扇推拉窗 14 樘（型材为 90系列，框宽为 90mm），外墙内壁需贴白色瓷砖（瓷砖到顶），试计算贴块料的工程量。

解 按规定，墙面贴块料面层按图示尺寸以面积计算，扣除门窗洞口面积，增加侧壁和顶面的面积。

（1）外墙内壁面积 $\quad S_1=(35.76+20.76)\times2\times3.9=440.86(m^2)$

门洞口面积 $\quad\quad\quad S_2=1.50\times2.70\times2=8.10(m^2)$

窗洞口面积 $\quad\quad\quad S_3=1.80\times2.70\times14=68.04(m^2)$

（2）应增门洞侧壁和顶面

门洞侧壁和顶面宽为 $\quad b_1=\dfrac{0.24-0.1016}{2}=0.069(m)$

门洞侧壁和顶面积为 $\quad S_4=(2.70\times2+1.50)\times0.069\times2=0.95(m^2)$

（3）应增窗洞侧壁和顶面

窗洞侧壁和顶面宽为 $\quad b_2=\dfrac{0.24-0.09}{2}=0.075(m)$

窗洞侧壁和顶面积为　$S_5=(1.80+2.70\times2)\times0.075\times14=7.56(\text{m}^2)$

（4）内墙贴瓷砖块料工程量　$S=S_1-S_2-S_3+S_4+S_5$

$$=440.86-8.10-68.04+0.95+7.56$$

$$=373.23\ (\text{m}^2)$$

【例 4-12】　如图 4-27，设计要求厕所做木隔断。

解　其工程量为　　　$(0.9\times3+1.2\times3)\times1.5=9.45(\text{m}^2)$

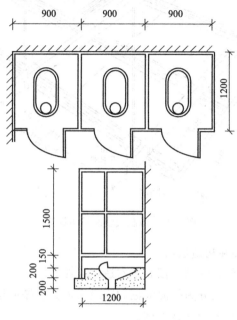

图 4-27　厕所木隔断示意

第五节　天棚装饰工程

一、天棚装饰工程的内容及做法

（一）天棚的构造分类

天棚又称顶棚、天花板，是室内装饰工程中的一个重要组成部分，分直接式和悬吊式两种。

（1）直接式天棚　按施工方法和装饰材料的不同，可分为直接刷（喷）浆天棚、直接抹灰天棚和直接粘贴式天棚。

（2）悬吊式天棚氨基　按构造形式可分为活动式装配吊顶、隐蔽式装配吊顶、金属装配吊顶、开放式吊顶及整体式吊顶。如图 4-28 为隐蔽式装配吊顶。

吊顶一般由三部分组成，即吊杆（或吊筋），龙骨（或搁栅）及面层。

（1）龙骨　天棚龙骨是一个由主龙骨、次龙骨、小龙骨（或称为主搁栅、次搁栅）所形成的网络骨架体系。一般分为木龙骨、型钢龙骨、轻钢龙骨及铝合金龙骨。

（2）面层　天棚面层的作用是装饰室内空间，一般分为抹灰类、板材类及格栅类。

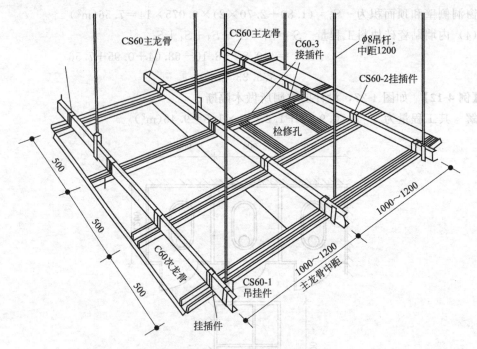

图 4-28　隐蔽式装配吊顶构造

（二）天棚的定额分类和构造层次

定额中将天棚分为一般直线型天棚和艺术造型天棚。

（1）一般直线型天棚　又分为平面天棚和跌级天棚。天棚面层在同一标高者为平面天棚；天棚面层不在同一标高者为跌级天棚。

（2）艺术造型天棚　主要有藻井天棚、吊挂式天棚、阶梯型天棚和锯齿型天棚。

天棚的基本构造层次为龙骨、基层和面层。

二、天棚装饰工程定额说明

（1）定额部分项目为龙骨、基层、面层合并列项外，其余均为天棚龙骨、基层、面层分别列项编制。

（2）定额中龙骨的种类、间距、规格和基层、面层材料的型号，规格是按常用材料和常用做法考虑的，如设计要求不同时，材料可以调整，但人工、机械不变。

（3）天棚面层在同一标高者为平面天棚，天棚面层不在同一标高者为跌级天棚，跌级天棚其面层人工乘系数 1.1。

（4）轻钢龙骨、铝合金龙骨项目中为双层结构（即中、小龙骨紧贴大龙骨底面吊挂），如为单层结构时（大、中龙骨底面在同一水平上），人工乘系数 0.85。

（5）本综合基价中平面天棚和跌级天棚指一般直线型天棚，不包括灯光槽的制作安装。灯光槽制作安装应按相应子目使用。艺术造型天棚项目中包括灯光槽的制作安装，其断面示意图见本综合基价附图。

（6）龙骨架、基层和面层的防火处理，应按相应子目使用。

（7）天棚检查孔的工料已包括在项目内，不另计算。

（8）天棚骨架、天棚面层分别列项，按相应项目配套使用，对于二级或三级以上造型的天棚，其面层人工乘以系数 1.3。

三、天棚装饰工程量的计算规则

（1）各种吊顶天棚龙骨按主墙间净空面积计算，不扣除间壁墙、检查洞、附墙烟囱、柱、垛和管道所占面积。

（2）天棚基层按展开面积计算。

（3）天棚装饰面积，按主墙间实钉（胶）面积以平方米计算，不扣除间壁墙、检查口、附墙烟囱、垛和管道所占面积，但应扣除 0.3m² 以上的孔洞、独立柱、灯槽及与天棚相连的窗帘盒所占的面积。

（4）本章项目中龙骨、基层、面层合并列项的子目，工程量计算规则同第一条。

（5）板式楼梯底面的装饰工程量按水平投影面积乘系数 1.15 计算，梁式楼梯底面按展开面积计算。

（6）灯光槽按延长米计算。

（7）保温层按实铺面积计算。

（8）网架按水平投影面积计算。

（9）嵌缝按延长米计算。

四、工程量计算实例

【例 4-13】 如图 4-29，设计要求做吸音板天棚面层，试对此工程进行项目列项并计算工程。

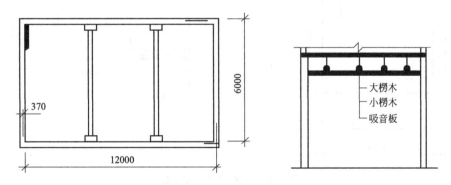

图 4-29　方木楞天棚骨架和面层示意

解　依据定额说明第一条和计算规则第一条、第三条，本工程应列项如下。

1. 天棚基层

$$其工程量 = (12-0.24) \times (6-0.24) = 67.74(m^2)$$

2. 天棚面层

$$其工程量 = (12-0.24) \times (6-0.24) = 67.74(m^2)$$

【例 4-14】 换算实例：设计大木龙骨木筋在墙上，间距为 4m，二三级天棚；大龙骨规格 50mm×80mm，小龙骨 60mm×50mm。

解　依据定额说明第二条。

已知全国统一建筑工程基础定额有以下规定。

定额用料：

大龙骨 70mm×50mm，3.588×50％＝1.794（m³）（包括损耗）

中小龙骨 50mm×50mm，3.588×40％＝1.435（m²）（包括损耗）

吊木筋 50mm×50mm，3.588×10％＝0.359（m²）（包括损耗）

换算后用料：

大龙骨 $\frac{0.05 \times 0.08}{0.05 \times 0.07} \times 1.794 = 2.050$（m³）（包括损耗）

总小龙骨 $\frac{0.05 \times 0.06}{0.05 \times 0.05} \times 1.435 = 1.722$（m³）（包括损耗）

吊木筋 0.359m³（包括损耗）

合计 4.131m³（包括损耗）

【例 4-15】 某房间平面净尺寸如图 4-30 所示，设计要求进行轻钢龙骨纸面石膏板吊顶（龙骨间距 450mm×450mm，不上人）并在中间做 2400mm×2800mm 的天池，天池侧面贴镜面玲珑胶板，饰面立面高 250mm，试计算其工程量。

解 （1）轻钢龙骨工程量 $S = 3.60 \times 3.20 = 11.52$（m²）

（2）纸面石膏板面层 $S = 3.60 \times 3.20 = 11.52$（m²）

（3）镜面玲珑胶板面层 $S = (2.80 + 2.40) \times 2 \times 0.25 = 2.60$（m²）

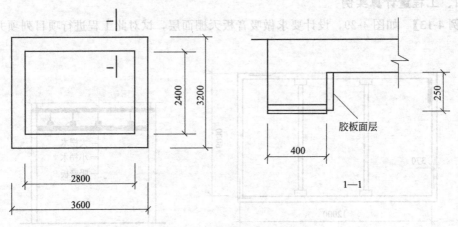

图 4-30 某房间平面示意图

第六节 门窗装饰工程

一、门窗装饰工程内容

门窗装饰工程包括地弹门、平开门窗、推拉窗、百叶窗、卷闸门及彩板门窗、塑料门窗等。

二、门窗装饰工程定额说明

（1）铝合金门窗制作、安装项目不分现场或施工企业附属加工厂制作，均使用本定额。

（2）铝合金地弹门制作型材（框料）按 101.6mm×44.5mm、厚 1.5mm 方管制定，单扇平开门、双扇平开窗按 38 系列制定，推拉门窗按 90 系列（厚 1.5mm）制定。如实际采用的型材断面及厚度与项目取定规格不符者，可按图示尺寸乘以线密度加 6% 的施工损耗计算型材重量。

（3）装饰板门扇制作安装按木骨架、基层、饰面板面层分别计算。

（4）成品门窗安装项目中，门窗附件按包含在成品门窗单价内考虑；铝合金门窗制作、安装项目中未含五金配件，五金配件另行计算。

三、门窗装饰工程量计算规则

（1）铝合金门窗、彩板组角门窗、塑钢门窗安装均按洞口面积以平方米计算。纱扇制作安装按扇外围面积计算。

（2）卷闸门安装按其安装高度乘以门的实际宽度以平方米计算。安装高度算至滚筒顶点为准。带卷筒罩的按展开面积增加。电动装置安装以套计算，小门安装以个计算，小门面积不扣除。

（3）防盗门、防盗窗和不锈钢格栅门按框外围面积以平方米计算。

（4）成品防火门以框外围面积计算，防火卷帘门从地（楼）面算至端板顶点乘设计宽度。

（5）实木门框制作安装以延长米计算。实木门扇制作安装及装饰门扇制作按扇外围面积计算。装饰门扇及成品门扇安装按扇计算。

（6）木门扇皮制隔音面层和装饰板隔音面层，按单面面积计算。

（7）不锈钢板包门框、门窗套、花岗岩门套和门窗筒子板按展开面积计算。门窗贴脸、窗帘盒和窗帘轨按延长米计算。

（8）窗台板按实铺面积计算。

（9）电子感应自动门及转门按定额尺寸以樘计算。

（10）不锈钢电动伸缩门以樘计算。

四、工程量计算实例

【例 4-16】 请根据图 4-31 及门窗表 4-2 计算的门、窗工程量。

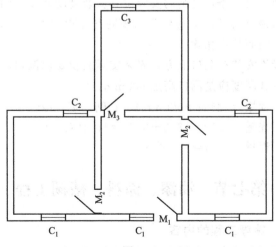

图 4-31

表 4-2　门、窗明细表

门　窗	材　料	规　格	数　量	门　窗	材　料	规　格	数　量
M_1	铝合金	9600×2600	1	C_1	铝合金	1200×1700	3
M_2	夹板	850×2100	2	C_2	钢窗	1000×1700	2
M_3	夹板	750×2100	1	C_3	钢窗	1000×1000	1

解　依据其计算规则第一条，铝合金门窗、彩板组角门窗、塑钢门窗安装均按洞口面积以平方米计算。

铝合金门面积　　　　　$S=0.9\times2.6=2.34(\text{m}^2)$

夹板门面积　　　　　　$S=0.55\times2.1\times2+0.75\times2.1=5.15(\text{m}^2)$

铝合金窗面积　　　　　$S=1.2\times1.7\times3=6.12(\text{m}^2)$

钢窗面积　　　　　　　$S=1\times1.7\times2+1\times1=4.4(\text{m}^2)$

【例 4-17】　如图 4-32 所示，试计算电动卷闸门的工程量。

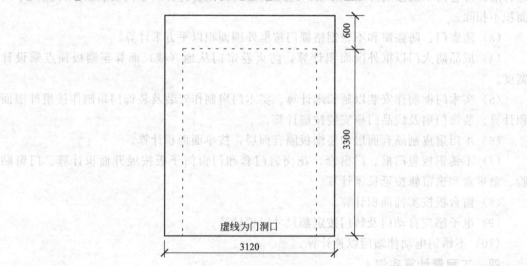

图 4-32　铝合金电动卷闸门示意

解　根据其计算规则第二条，卷闸门安装按其安装高度乘以门的实际宽度以平方米计算。安装高度算至滚筒顶点为准。带卷筒罩的按展开面积增加。电动装置安装以套计算，小门安装以个计算，小门面积不扣除。

卷闸门的卷筒一般均安装在洞口上方，安装实际面积要比洞口高，实际高度应按设计规定，若设计未规定，其高度应是洞口高加 600mm。

卷闸门安装工程量＝(洞高＋600mm)×卷闸门宽，故

卷闸门安装：工程量＝$3.12\times(3.3+0.6)=10.15(\text{m}^2)$

电动装置安装：工程量＝$1\times1=1$（套）

第七节　油漆、涂料、裱糊工程

一、油漆、涂料、裱糊工程的内容

油漆、涂料、裱糊工程的内容包括木材面、金属面和抹灰面的各种油漆、涂料和裱糊

项目。

二、油漆、涂料、裱糊工程定额说明

（1）定额中刷涂、刷油采用手工操作；喷塑、喷涂采用机械操作。操作方法不同时，不予调整。

（2）油漆浅、中、深各种颜色，已综合在定额内，颜色不同，不另调整。

（3）在同一平面上的分色及门窗内外分色已综合考虑。如需做美术图案者，另行计算。

（4）定额内规定的喷、涂、刷遍数与设计要求不同时，可按每增加一遍项目进行调整。

（5）喷塑（一塑三油）、底油、装饰漆、面油，其规格划分如下。

① 大压花：喷点压平、点面积在 1.2cm² 以上。

② 中压花：喷点压平、点面积在 1～1.2cm² 以内。

③ 喷中点、幼点：喷点面积在 1cm² 以下。

（6）定额中的双层木门窗（单裁口）是指双层框扇。三层二玻一纱窗是指双层框三层扇。

（7）定额中的单层木门刷油是按双面刷油考虑的，如采用单面刷油，其项目含量乘以系数 0.49 计算。

（8）定额中的木扶手油漆为不带托板考虑的。

三、油漆、涂料、裱糊工程量计算规则

（1）楼地面、天棚、墙、柱、梁面的喷（刷）涂料、抹灰面油漆及裱糊工程，均按相应的计算规则计算。

（2）木材面的油漆工程量分别按表 4-3～表 4-7 中相应的计算规则计算。

（3）金属构件油漆的工程量按构件重量计算。

（4）定额中的隔墙、护壁、柱、天棚木龙骨及木地板中木龙骨带毛地板，刷防火涂料工程量计算规则如下。

① 隔墙、护壁木龙骨按其面层正立面投影面积计算。

② 柱木龙骨按其面层外围面积计算。

③ 天棚木龙骨按其水平投影面积计算。

④ 木地板中木龙骨及木龙骨带毛地板按地板面积计算。

（5）隔墙、护壁、柱、天棚面层及木地板刷防火涂料，使用其他木材面刷防火涂料相应子目。

（6）木楼梯（不包括底面）油漆，按水平投影面积乘以系数 2.3，使用木地板相应子目。

木材面油漆（参见表 4-3～表 4-7）。金属面油漆（参见表 4-8～表 4-10）。

表 4-3　单层木门工程量系数表

项目名称	系　数	工程量计算方法
单层木门	1.00	
双层(一板一纱)木门	1.36	
双层(单裁口)木门	2.00	按单面洞口面积
单层全玻门	0.83	
木百叶门	1.25	
厂库大门	1.10	

表 4-4 单层木窗工程量系数表

项目名称	系　数	工程量计算方法
单层玻璃窗	1.00	
双层(一玻一纱)窗	1.36	
双层(单裁口)窗	2.00	
三层(二玻一纱)窗	2.60	按单面洞口面积
单层组合窗	0.83	
双层组合窗	1.13	
木百叶窗	1.50	

表 4-5 木扶手（不带托板）工程量系数表

项目名称	系　数	工程量计算方法
木扶手(不带托板)	1.00	
木扶手(带托板)	2.60	
窗帘盒	2.04	
封檐板、顺水板	1.74	按延长米计算
挂衣板、照片框	0.52	
生活园地框、挂镜线、窗帘棍	0.35	

表 4-6 木地板工程量系数表

项目名称	系　数	工程量计算方法
木地板、木踢脚线	1.00	长×宽
木楼梯(不包括底面)	2.30	

表 4-7 其他木地面工程量系数表

项目名称	系　数	工程量计算方法
木板、纤维板、胶合板天棚、檐口	1.0	
清水板条天棚、檐口	1.07	
木方格吊顶天棚	1.2	
吸音板、墙面、天棚面	0.87	长×宽
鱼鳞板墙	2.48	
木护墙、墙裙	0.91	
窗台板、筒子板、盖板	0.82	
暖气罩	1.82	
屋面板(带檩条)	1.11	斜长×高
木间壁、木隔断	1.9	
玻璃间壁露明墙筋	1.65	单面外围面积
木栅栏、木栏杆(带扶手)	1.82	
木屋架	1.79	斜跨(长)×中高/2
衣柜、壁柜	0.91	投影面积
零星木装修	0.87	展开面积

表 4-8 单层钢门窗工程量系数表

项目名称	系　数	工程量计算方法
单层钢门窗	1.00	
双层(一玻一纱)钢门窗	1.48	
钢百叶钢门	2.74	
半截百叶钢门	2.22	洞口面积
满钢门或包铁皮门	1.63	
钢折叠门	2.30	

续表

项目名称	系 数	工程量计算方法
射线防护门	2.96	框(扇)外围面积
厂库房平开、推拉门	1.70	框(扇)外围面积
铁丝网大门	0.81	框(扇)外围面积
间壁	1.85	长×宽
平板屋面	0.74	斜长×宽
瓦垄板屋面	0.89	斜长×宽
排水、伸缩缝盖板	0.78	展开面积
吸气罩	1.63	水平投影面积

表 4-9　其他金属面工程量系数表

项目名称	系 数	工程量计算方法
钢屋架、天窗架、挡风架、屋架梁、支撑、檩条	1.00	
墙架(空腹式)	0.50	
墙架(格板式)	0.82	
钢柱、吊车梁、花式梁	0.63	
柱、空花构件	0.63	
操作台、走台、制动梁	0.71	重量(t)
钢梁车挡	0.71	
钢栅栏门、栏杆、窗栅	1.71	
钢爬梯	1.18	
转型屋架	1.42	
踏步式钢扶梯	1.05	
零星铁件	1.32	

表 4-10　平板屋面涂刷磷化、锌黄底漆工程量系数表

项目名称	系 数	工程量计算方法
平板屋面	1.00	斜长×宽
瓦垄板屋面	1.20	斜长×宽
排水、伸缩缝盖板	1.05	展开面积
吸气罩	2.20	水平投影面积
包镀锌铁皮门	2.20	洞口面积

四、工程量计算实例

【例 4-18】 如图 4-33，设计要求在抹灰面上刷油漆墙裙（底油一遍，调和漆二遍）。求油漆墙裙工程量。

已知：墙裙高 1.2m，外墙里皮抹灰净长度为 55.64m，内墙两侧抹灰净长度为 115.68m，内外墙上设有门窗，窗距楼地面 0.9m，其数量如表 4-11。

表 4-11　门窗表

位　置	门　窗	规格/mm	数　量
外墙上	门	1200×2100	2
	窗	1500×1800	10
内墙上	门	1200×2100	10

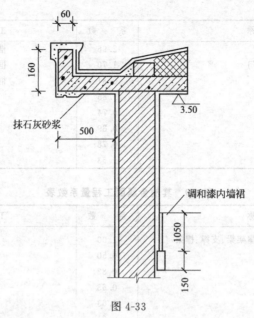

图 4-33

解 其工程量计算如下：

外墙里皮墙裙面积＝外墙里皮抹灰净长度×墙裙高－门窗洞口面积

$$=55.64×1.2-1.5×(1.2-0.9)×10-2×1.2$$

$$=59.87(m^2)$$

内墙两侧墙裙面积＝内墙两侧抹灰净长度×墙裙高－门窗洞口面积×2

$$=115.68×1.2-1.2×1.2×10×2$$

$$=110.02(m^2)$$

油漆墙裙面积合计 59.87＋110.02＝169.89(m²)

第八节 其 他 工 程

一、定额说明

(1) 本章定额项目在实际施工中使用的材料品种、规格与项目取定不同时，可以换算，但人工、机械不变。

(2) 本章定额中铁件已包括刷防锈漆一遍，如设计需涂刷油漆、防火涂料按相应子目使用。

(3) 招牌基层。

① 平面招牌是指安装在门前的墙面上；箱体招牌、竖式标箱是指六面体固定在墙面上；沿雨篷、檐口、阳台走向立式招牌，按平面招牌复杂项目使用。

② 一般招牌和矩形招牌是指正立面平整无凸面；复杂招牌和异形招牌是指正立面有凹凸造型。

③ 招牌的灯饰均不包括在定额内。

(4) 美术字安装。

① 美术字均以成品安装固定为准。

② 美术字不分字体均按定额规定使用。

（5）装饰线条。

① 木装饰线、石膏装饰线均以成品安装为准。

② 石材装饰线条均以成品安装为准。石材装饰线条磨边、磨圆角均包括在成品的单价中，不再另计。

（6）石材磨边、磨斜边、磨半圆边及台面开孔子目均为现场磨制。

（7）装饰线条以墙面上直线安装为准，如天棚安装直线型、圆弧型或其他图案者，并按以下规定计算。

① 天棚面安装直线装饰线条者，人工乘以系数 1.34。

② 天棚面安装圆弧装饰线条者，人工乘系数 1.6，材料乘系数 1.1。

③ 墙面安装圆弧装饰线条者，人工乘系数 1.2，材料乘系数 1.1。

④ 装饰线条做艺术图案者，人工乘系数 1.8，材料乘系数 1.1。

（8）暖气罩挂板式是指钩挂在暖气片上；平墙式是指凹入墙内；明式是指凸出墙面；半凹半凸式按明式定额子目使用。

（9）货架、柜类项目中未考虑面板拼花及饰面板上贴其他材料的花饰、造型艺术品，货架、柜类图。

（10）本综合基价中拆除项目均为破坏性拆除，不考虑回收利用。

二、工程量计算规则

（1）招牌、灯箱工程量的计算规则如下。

① 平面招牌基层按正立面面积计算，复杂形的凹凸造型部分亦不增减。

② 沿雨篷、檐口或阳台走向的立式招牌基层，使用平面招牌复杂型子目时，应按展开面积计算。

③ 箱体招牌和竖式标箱的基层，按外围体积计算。突出箱外的灯饰、店徽及其他艺术装潢等均另行计算。

④ 灯箱的面层按展开面积以平方米计算。

⑤ 广告牌钢骨架以吨为单位计算。

（2）美术字安装按字的最大外围矩形面积以个计算。

（3）压条、装饰线条均按延长米计算。

（4）暖气罩（包括脚的高度在内）按边框外围尺寸垂直投影面积计算。

（5）镜面玻璃安装、盥洗室木镜箱以正立面面积计算。

（6）塑料镜箱、毛巾环、肥皂盒、金属帘子杆、浴缸拉手和毛巾杆安装以只或副计算。不锈钢旗杆以延长米计算。大理石洗漱台以台面展开面积计算（不扣除孔洞面积）。

（7）货架、柜橱类均以正立面的高（包括脚的高度在内）乘以宽以平方米计算。

（8）收银台、试衣间等以个计算。其他以延长米为单位计算。

（9）拆除工程量按拆除面积或长度计算，执行相应子目。

三、工程实例

【例 4-19】　某房间一侧立面如图 4-34 所示，其窗做贴脸板、筒子板及窗台板，墙角做木压条，试计算其工程量，其窗台板宽150mm，筒子板宽120mm。

解 贴脸板的工程量＝[(1.5+0.1×2)×2+2.2+0.1×2]×0.1＝0.58(m²)

　　　筒子板的工程量＝(2.2+1.5×2)×0.12＝0.624(m²)

　　　窗台板的工程量＝2.2×0.15＝0.33(m²)

　　　木压条的工程量＝4.2(m²)

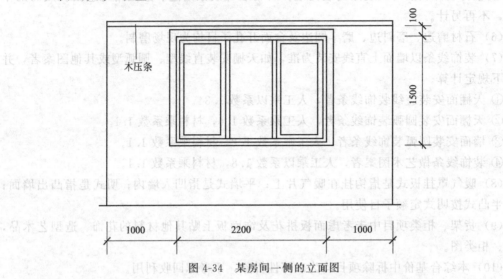

图 4-34　某房间一侧的立面图

第九节　装饰装修工程脚手架及项目成品保护

一、定额说明

（1）装饰装修脚手架包括满堂脚手架、外脚手架、内墙面装饰脚手架、安全过道、封闭式安全笆、斜挑式安全笆和吊篮脚手架。

（2）天棚装饰工程，高度超过3.6m时，计算满堂脚手架。

二、工程量计算规则

（1）满堂脚手架，按实际搭设的水平投影面积计算，不扣除附墙柱、柱所占的面积，其基本层高以3.6m以上至5.2m为准。凡超过3.6m、在5.2m以内的天棚抹灰及装饰装修，应计算满堂脚手架基本层；层高超过5.2m，每增加1.2m计算一个增加层，增加的层数＝(层高－5.2m)/1.2m，按四舍五入取整数。室内凡计算了满堂脚手架者，其内墙装饰不再计算脚手架，只按每100m²墙面垂直投影面积增加改架工1.28工日。

（2）装饰装修外脚手架，按外墙的外边线长乘墙高以平方米计算，不扣除门窗洞口的面积。同一建筑物各面墙的高度不同，且不在同一子目步距内时，应分别计算工程量。项目中所指的檐口高度，系指建筑物自设计室外地平面至外墙顶点或构筑物顶面的高度。

（3）利用主体外脚手架改变其步高作外墙面装饰架时，按每100m²外墙垂直投影面积，增加改架工1.28工日；独立柱按柱周长增加3.6m乘柱高套用装饰装修外脚手架相应高度的子目。

（4）内墙（柱）装饰工程，高度超过3.6m未计算满堂脚手架时，按相应高度的内墙面装饰脚手架，工程量按内墙面垂直投影面积计算，不扣除门窗洞口面积。

（5）安全过道按实际搭设的水平投影面积（架宽×架长）计算。

（6）封闭式安全笆按实际封闭的垂直投影面积计算。实际用封闭材料与项目不符时，可加以调整。

（7）斜挑式安全笆按实际搭设的（长×宽）斜面面积计算。

（8）吊篮按外墙装饰面积计算，不扣除门窗洞口面积。

三、工程量计算规则实例

【例 4-20】　某多层建筑物底层高度 9.34m，采用 120 厚 YKB 的楼盖结构，建筑面积 390m²，室内净面积 300m²，天棚需刷油，试计算满堂脚手架工程量。

解　依据计算规则第一条：

（1）底层室内净高　　　　　$H=9.34-0.12=9.22(m)$

（2）增加层的计算 9.20m＞5.2m，需计算增加层；$(9.22-5.2)\div1.2=3.33$，取 3 个增加层，剩余高度为 $9.22-5.2-3\times1.2=0.4m<0.6m$，舍去不计。

第十节　装饰装修工程量计算实例

一、某客房装饰装修设计图

某客房装饰装修施工图如图 4-35～图 4-44 所示。

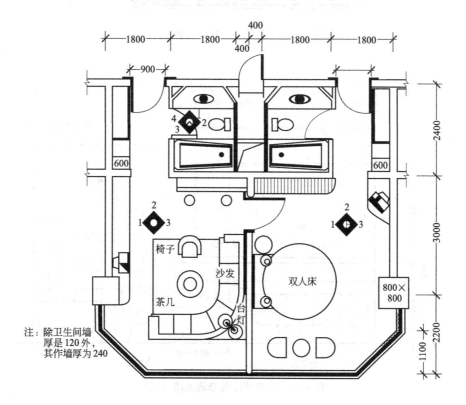

图 4-35　客房装饰装修施工图（一）

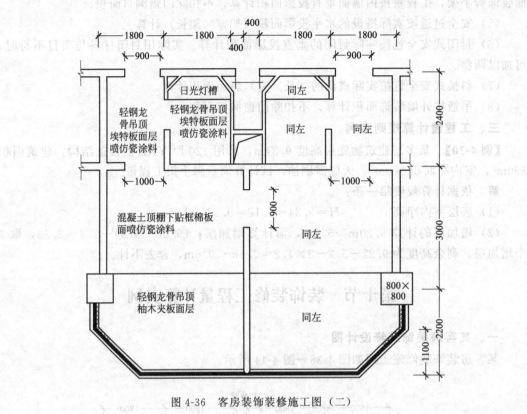

图 4-36 客房装饰装修施工图（二）

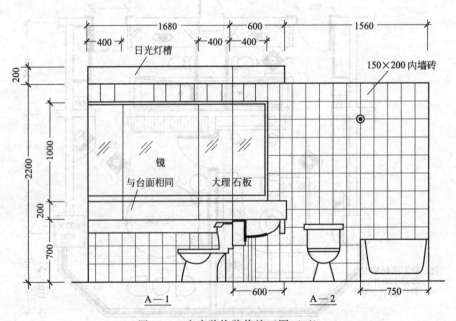

图 4-37 客房装饰装修施工图（三）

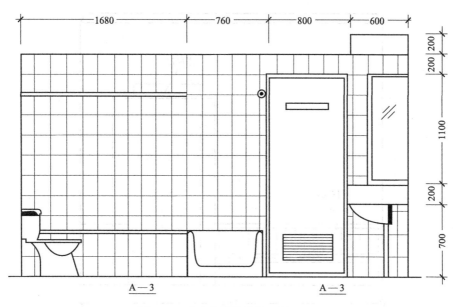

图 4-38 客房装饰装修施工图（四）

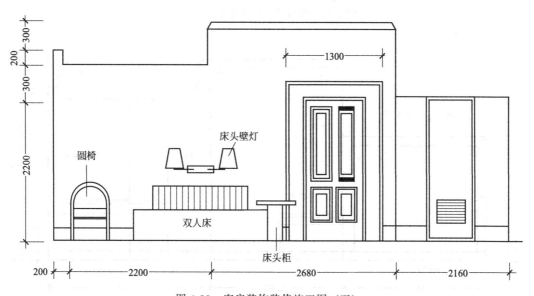

图 4-39 客房装饰装修施工图（五）

二、客房装饰装修设计说明及各部工程做法

（一）地面

（1）卫生间 大理石地面，浴盆尺寸 1600mm×750mm×460mm。

（2）客厅、卧室、过道 大理石地面，铺纯毛地毯。

（3）踢脚板 踢脚板高 120mm，材料同地面。

（二）顶棚

屋面板、楼板均为现浇钢筋混凝土板。

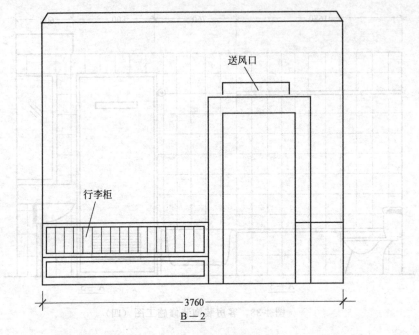

图 4-40　客房装饰装修施工图（六）

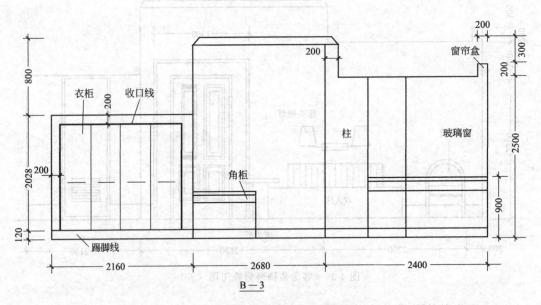

图 4-41　客房装饰装修施工图（七）

（1）卫生间　轻钢龙骨吊顶，宝丽板面层，板面喷仿瓷涂料。嵌入式铝格栅日光灯槽：规格 100mm×100mm×4.5mm。

（2）过道　轻钢龙骨吊顶，宝丽板面层，板面喷仿瓷涂料。

（3）客厅及卧室顶棚

① 靠卫生间部分，混凝土板下贴矿棉板，面喷仿瓷涂料。

② 靠窗部分，轻钢龙骨吊顶、柚木胶合板面，面刷聚氨酯漆两遍。

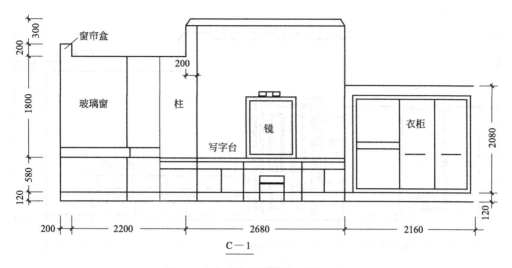

图 4-42 客房装饰装修施工图（八）

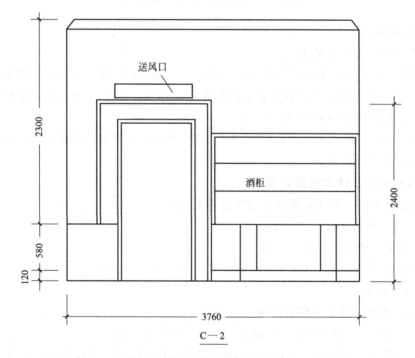

图 4-43 客房装饰装修施工图（九）

（三）墙面

（1）卫生间 墙面贴 150mm×150mm 瓷砖（卫生间门洞尺寸为 780mm×2000mm），组合梳妆镜。

（2）客厅、卧室、墙面、柱面、窗台下墙裙 水曲柳胶合板护壁板、墙裙（窗台高 900mm）面刷聚氨醋漆三遍。

（3）过道墙面木龙骨石膏护壁板，面喷仿瓷涂料。

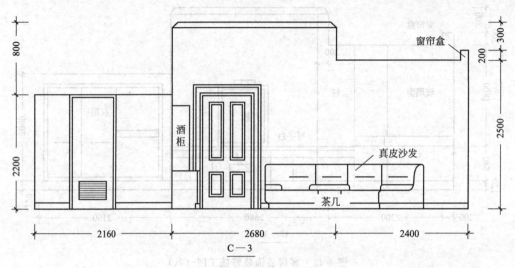

图 4-44　客房装饰装修施工图（十）

（四）门装饰

门制作、安装项目已完成。

（1）双面局部包真皮胶合板门 1 扇（套间内门，包皮面积为 0.95m²）。单面局部包真皮胶合板门 2 扇（进户门，每扇门包皮面积为 0.50m²）。上述 3 扇门尺寸均为 800mm×2100mm，未包真皮部分刷聚氨醋漆三遍。

（2）进户门（单面）、套间门（双面）、门洞（单面）边框包柚木面胶合板护框，边宽 200mm，刷聚氨醋漆两遍。

三、客房装饰装修工程量计算

按照定额的列项，写出定额编号逐项计算工程量。

1. 卫生间大理石地面

$S=$ 主墙面净面积－浴盆所占面积

$=[(1.80-0.12)\times(2.40-0.24)-1.60\times0.75-(0.40\times0.40\times1/2\times2)]\times2$

$=4.54(\text{m}^2)$

2. 客厅、卧室、过道大理石地面

$S_{过道}=(1.80-0.60-0.12-0.060)\times2.40\times2=4.90$（m²）

$S_{厅、卧}=[(3.00-0.80/2-0.12)\times(1.80\times2+0.40-0.24)+(2.20-0.80/2-0.12)\times$

$(1.80\times2+0.4+0.80/2-0.12-0.24)+0.8\times(1.8\times2-0.4+0.4-0.12)-$

$(1.10-0.12)\times(1.10-0.12)\times1/2]\times2$

$=36.83$（m²）

小计：4.90＋36.83＝41.73(m²)

3. 客厅、卧室、过道铺纯毛地毯

面积同上：$S=41.73\text{m}^2$

4. 客厅、卧室、过道大理石踢脚板

S＝踢脚板长度×踢脚板高（扣除门洞宽）

$\quad$＝$[(1.80-0.60-0.9-0.12-0.06)+(2.40×2-0.8)+(1.80×2+0.40-0.24)×2+$

$\quad\quad(3.0+2.20-1.3-0.24)×2-(1.10×2-1.10×1.414)]×2×0.12$

$\quad$＝3.92(m²)

5. 卫生间墙面贴 50×200 瓷砖

S＝房间净空周长×墙净高－梳妆镜面积－门面积－浴盆两端头面积

卫生间净周长＝$(2.40-0.24+1.80-0.12)×2-(0.40×2-0.40×1.414)×2$

$\quad\quad\quad\quad\quad$＝7.21(m²)

S＝$[7.21×2.20-1.10×(1.68+0.40+0.40×0.414×2)-0.78×2.00-0.75×$

$\quad\quad0.46×2]×2$

$\quad$＝21.92(m²)

6. 客厅、卧室、墙面和柱面水曲柳胶合板护壁

S＝墙、柱面净长×净高

A-1 剖立面

S_{A-1}＝$(2.20+0.20)×(2.20+0.30)+0.20×0.20+2.68×(2.20+0.30+0.20+$

$\quad\quad0.30)-(2.20+0.20)×1.30$

$\quad$＝10.96(m²)

B-2 剖立面

$\quad\quad\quad\quad S_{B-2}$＝$3.76×(0.21+0.58+2.30)-(0.20+2.20)×1.30$

$\quad\quad\quad\quad\quad\quad$＝8.5(m²)

B-3 剖立面

S_{B-3}＝$2.68×(2.50+0.20+0.30)+[(0.8/2-0.12)×3.0+(0.8-0.20+0.8-0.24)×2.50]$

$\quad$＝11.78(m²)

C-1 剖立面

$\quad\quad\quad\quad\quad\quad S_{C-1}＝S_{B-3}＝11.78(m²)$

C-2 剖立面

$\quad\quad\quad\quad\quad\quad S_{C-2}＝S_{B-2}＝8.5(m²)$

C-3 剖立面

$\quad\quad\quad\quad\quad\quad S_{C-3}＝S_{A-1}＝10.96(m²)$

窗台下墙裙

S＝$[(1.80×2+0.40-0.12+0.40-0.24)+(2.20-0.40-0.12)-(1.10×2-1.10×$

$\quad\quad1.414)]×0.90×2$

$\quad$＝9.14(m²)

小计：$\quad\quad\quad(10.96+8.5+11.78)×2+9.14＝71.62(m²)$

7. 过道墙面木龙骨石膏护壁（B－1、C－3 剖立面）

$\quad\quad\quad\quad\quad\quad S$＝墙面净长×净高

$\quad\quad\quad\quad\quad\quad\quad$＝$(2.16×2.20-2.20×0.80)×2$

$\quad\quad\quad\quad\quad\quad\quad$＝5.98(m²)

8. 卫生间、过道、客厅、卧室轻钢龙骨吊顶

S＝主墙面净面积

卫生间：　　　　　$4.53+1.60×0.75×2=6.93(m^2)$

过道：　　　　$(1.80-0.12-0.06)×(2.40-0.24)×2=7(m^2)$

客厅、卧室：$\{(1.80×2+0.40-0.24)×(1.10+0.20)+[3.76+(3.76-1.10)]×$
$0.5(1.10-0.12)\}×2=16.07(m^2)$

小计：　　　　　$6.93+7+16.07=30(m^2)$

9. 卫生间、过道、宝丽板顶棚面

S＝主墙间净面积－灯槽面积

卫生间：$6.93-\{0.60×[(1.80-0.12-0.40)×2]+(1.80-0.12)\}×0.5×2=3.714(m^2)$

过道：$6.70m^2$

小计：　　　　　$3.714+6.70=10.414(m^2)$

10. 卧室、客厅现浇混凝土板下贴矿棉板

S＝卧室、客厅顶棚面积－轻钢龙骨吊顶面积
$=36.83-16.07=20.76(m^2)$

11. 卧室、客厅吊顶顶棚柚木胶合板面层

S＝卧室、客厅轻钢龙骨吊顶＋吊顶侧立面面积
$=16.07+(1.80×2+0.40-0.24)×(0.20+0.30)×2$
$=19.83(m^2)$

12. 埃特板、矿棉板顶棚面喷仿瓷涂料
$S=12.09+20.75=34.98(m^2)$

13. 墙面胶合板护壁面刷聚氨酯漆3遍
$S=70.86m^2$

14. 柚木面胶合板顶棚刷聚氨酯漆2遍
$S=19.83m^2$

15. 过道石膏板墙面喷仿瓷涂料
$S=5.98m^2$

16. 胶合板门局部包真皮革

套间门：$0.95m^2$

进户门：$0.5×2=1.0(m^2)$

复习思考题

1. 什么是工程量？

2. 工程量的计算要求？

3. 什么是建筑面积？

4. 某装饰工程见图4-45～图4-47、表4-12，求此工程建筑面积、楼地面、天棚和墙面工程量。

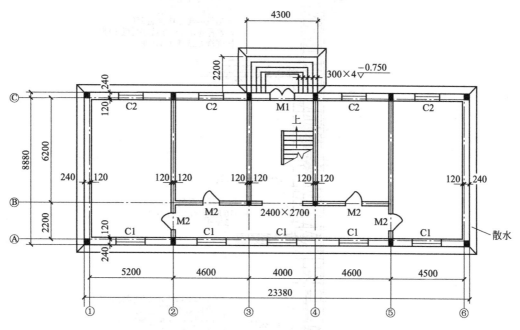

图 4-45　首层平面图

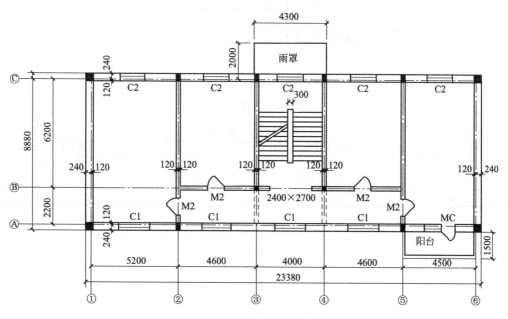

图 4-46　二层平面图

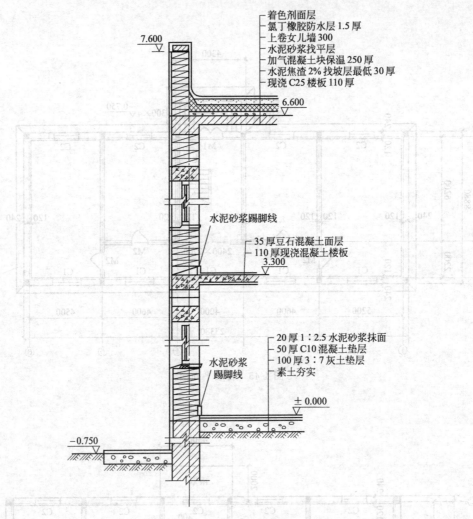

着色剂面层
氯丁橡胶防水层 1.5 厚
上卷女儿墙 300
水泥砂浆找平层
加气混凝土块保温 250 厚
水泥焦渣 2% 找坡层最低 30 厚
现浇 C25 楼板 110 厚

水泥砂浆踢脚线

35 厚豆石混凝土面层
110 厚现浇混凝土楼板

20 厚 1:2.5 水泥砂浆抹面
50 厚 C10 混凝土垫层
100 厚 3:7 灰土垫层
素土夯实

水泥砂浆踢脚线

图 4-47 外墙大样图

表 4-12 门 窗 表

门窗代号	洞口尺寸/mm	门窗代号	洞口尺寸/mm
C₁	1800×1500	M₂	1000×2400
C₂	1500×1500	洞口	2400×2700
M₁	1500×2400		

第五章

建筑装饰工程材料用量计算

学习要求
掌握各种材料用量的计算方法。

在进行建筑装饰时，往往需估算出各种材料的实际用量，以方便采购人员采购各种材料，并进行材料费用估算，达到合理节约使用材料的预期效果。在预算定额中已经给出了材料消耗量，但这个消耗量并不能直接用于实际采购中，如在一个装饰工程中，通过预算定额，已知每平方米的陶瓷锦砖楼地面需要陶瓷锦砖 $1.015m^2$，但陶瓷锦砖的采购不是以平方米为单位来采购的，而是以块为计量单位，本章将具体介绍各种材料用量的估算。

第一节　砂浆配合比计算

抹灰工程按材料和装饰效果分为一般抹灰和装饰抹灰两大类。一般抹灰用石灰砂浆、水泥混合砂浆、水泥砂浆、聚合物水泥砂浆、膨胀珍珠岩水泥砂浆和麻刀石灰、纸筋石灰、石膏灰等材料。

装饰抹灰种类很多，其底层多为 1∶3 水泥砂浆打底，面层可为水刷石、水磨石、斩假石、干粘石、假面砖、拉条灰、喷涂、滚涂、弹涂、仿石和彩色抹灰等。

一、抹灰砂浆配合比计算

抹灰砂浆配合比以体积比计算，其材料用量计算公式为：

$$砂用量 = \frac{砂之比}{配合比之和 - 砂之比 \times 砂之孔隙率} \tag{5-1}$$

$$水泥用量 = \frac{水泥之比 \times 水泥容重}{砂之比} \times 砂用量 \tag{5-2}$$

$$石灰膏用量 = \frac{石灰膏之比}{砂之比} \times 砂用量 \tag{5-3}$$

其中，砂用量和石灰膏用量以 m^3 为单位，水泥用量以 kg 为单位。

当砂用量不超过 $1m^3$ 时，因其孔隙容积已大于灰浆数量，均按 $1m^3$ 计算。

水泥容重为 $1200kg/m^3$，砂密度为 $2650kg/m^3$，容重为 $1550kg/m^3$，孔隙率 $= \left(1 - \dfrac{容重}{密度}\right) \times 100\% = \left(1 - \dfrac{1550}{2650}\right) \times 100\% = 42\%$。

（一）水泥砂浆材料用量计算

【例 5-1】　水泥砂浆配合比为 1∶3（水泥比砂），求每立方米的材料用量。

解
$$砂用量 = \frac{3}{(1+3)} - 3 \times 0.42 = 1.095m^3 > 1m^3,\ 取\ 1m^3$$

$$水泥用量 = \frac{1 \times 1200}{3} \times 1 = 400.00\ (kg)$$

（二）石灰砂浆材料用量计算

每 $1m^3$ 生石灰（块占 70%，末占 30%）的质量约为 $1050 \sim 1100kg$，生石灰粉为 $1200kg$，石灰膏为 $1350kg$，淋制每 $1m^3$ 石灰膏所需生石灰 $600kg$，场内外运输损耗及淋化后的残渣已考虑在内。各地区生石灰质量不同时可以进行调整。粉化石灰或淋制石灰膏用量见表 5-1。

表 5-1　粉化石灰或淋制石灰膏的石灰用量表

生石灰块末比例		每 $1m^3$	
		粉化石灰	淋制石灰膏
块	末	生石灰需用量 / kg	
10	0	392.70	
9	1	399.84	
8	2	406.98	571.00
7	3	414.12	600.00
6	4	421.26	636.00
5	5	428.40	674.00
4	6	460.50	716.00
3	7	493.17	736.00
2	8	525.30	820.00
1	9	557.94	
0	10	590.38	

【例 5-2】 石灰砂浆配合比为 $1:2$（石灰膏比砂），求每 $1m^3$ 的材料用量。

解
$$砂用量 = \frac{2}{(1+2)} - 2 \times 0.42 = 0.926\ (m^3)$$

$$石灰膏用量 = \frac{1}{2} \times 0.962 = 0.481\ (m^3)$$

$$生石灰 = 600 \times 0.481 = 288.6\ (kg)$$

（三）混合砂浆材料用量计算

【例 5-3】 水泥石灰砂浆配合比为 $1:0.5:2$（水泥比石灰膏比砂），求每 $1m^3$ 材料用量。

解
$$砂用量 = \frac{2}{(1+0.5+2)} - 2 \times 0.42 = 0.752\ (m^2)$$

$$水泥用量 = \frac{1 \times 1200}{2} \times 0.752 = 451.2\ (kg)$$

$$石灰膏用量 = \frac{0.5}{2} \times 0.752 = 0.188\ (m^3)$$

$$生石灰 = 451.2 \times 0.188 = 84.8\ (kg)$$

（四）素水泥浆材料用量计算

$$水灰比 = \frac{加水量占水泥用量百分数 \times 水泥容重}{1000} \tag{5-4}$$

$$虚体积系数 = \frac{1}{1 + 水灰比} \tag{5-5}$$

$$收缩后体积 = \left(\frac{水泥容重}{水泥密度} + 水灰比\right) \times 虚体积系数 \tag{5-6}$$

$$实体积系数 = \frac{1}{(1 + 水灰比) \times 收缩后体积} \tag{5-7}$$

$$水泥净用量 = 实体积系数 \times 水泥容重 \tag{5-8}$$

$$水净用量 = 实体积系数 \times 水灰比 \tag{5-9}$$

其中，水泥净用量以 kg 为单位，水净用量以 m³ 为单位。

【例 5-4】 加水量为水泥用量的 35%，水泥密度为 3100kg/m³，容重为 1200 kg/m³，求每 1m³ 的材料用量。

解

$$水灰比 = \frac{0.35 \times 1200}{1000} = 0.42$$

$$虚体积系数 = \frac{1}{1 + 0.42} = 0.704$$

$$收缩后体积 = \left(\frac{1200}{3100} + 0.42\right) \times 0.704 = 0.5682 \ (m^3)$$

$$实体积系数 = \frac{1}{(1 + 0.42) \times 0.5682} = 1.239$$

$$水泥净用量 = 1.239 \times 1 \times 1200 = 1487 \ (kg)$$

$$水净用量 = 1.239 \times 1 \times 0.42 = 0.52 \ (m^3)$$

二、装饰砂浆配合比计算

外墙面装饰砂浆分为水刷石、水磨石、干粘石和剁假石等。

（一）水泥白石子浆材料用量计算

水泥白石子浆材料用量计算，可采用一般抹灰砂浆的计算公式。设：白石子的容重为 1500kg/m³，密度为 2700kg/m³。所以其孔隙率为：

$$孔隙率 = 1 - \frac{白石子容重}{白石子密度} \times 100\% = 44\%$$

当白石子用量超过 1m³ 时，按 1m³ 计算。

【例 5-5】 水泥白石子浆配合比为 1 : 2（水泥比白石子），求每 1m³ 的材料用量。

解

$$白石子用量 = \frac{2}{(1 + 2) - 2 \times 0.44} = 0.943 \ (m^3)$$

$$水泥用量 = \frac{1 \times 1500}{2} \times 0.943 = 707.25 \ (kg)$$

（二）美术水磨石浆材料用量计算

美术水磨石，采用白水泥或青水泥，加色石子和颜料，磨光打蜡，其种类及用料配合比见表 5-2。

美术水磨石浆材料中色石子和水泥用量计算，也可采用一般抹灰砂浆的计算公式，颜料用量按占水泥总量的百分比计算。

【例 5-6】 设计铁岭美术水磨石地面，其配合比为水泥色石子浆 1 : 2.6（水泥比色石子），其中白水泥占 20%，青水泥占 80%，氧化铁红占水泥质量的 1.5%，色石子损耗率为

表 5-2 美术水磨石的种类及用料配合比

编号	磨石名称	石子				水泥			颜料		
		种类	规格/mm	占石子总量/%	用量/(kg/m³)	种类	占水泥总量/%	用量/(kg/m³)	种类	占水泥总量/%	用量/(kg/m³)
1	黑墨玉	墨玉	2～3	100	26	青水泥	100	9	炭墨	2	0.18
2	沉香玉	沉香玉	2～12	60	15.6	白水泥	100	9	铬黄	1	0.09
		汉白玉	2～13	30	7.8						
		墨玉	3～4	10	2.6						
3	晚霞	晚霞	2～12	65	16.9	白水泥	90	8.1	铬黄	0.1	0.009
		汉白玉	2～13	25	6.5	青水泥	10	0.9	地板黄	0.2	0.018
		铁岭红	3～4	10	2.6				朱红	0.08	0.0072
4	白底墨玉	墨玉（圆石）	2～12 / 2～15	100	26	白水泥	100	9	铬绿	0.08	0.0072
5	小桃红	桃红	2～12	90	23.4	白水泥	100	10	铬黄	0.50	0.045
		墨玉	3～4	10	2.6				朱红	0.42	0.036
6	海玉	海玉	15～30	80	20.8	白水泥	100	10	铬黄	0.80	0.072
		彩霞	2～4	10	2.6						
		海玉	2～4	10	2.6						
7	彩霞	彩霞	15～30	80	20.8	白水泥	100	8.1	氧化铁红	0.06	0.0054
8	铁岭红	铁岭红	2～12 / 2～16	100	26	白水泥 / 青水泥	20 / 80	1.8 / 7.2	氧化铁红	1.5	0.135

4%，水泥损耗为 1%，颜料损耗为 3%，水泥容重 1200kg/m³，色石子容重为 1510kg/m³，色石子密度 2650kg/m³，求每 1m³ 的各材料的用量。

解
$$孔隙率 = (1 - \frac{1510}{2650}) \times 100\% = 43\%$$

$$色石子用量 = \frac{2.6}{(1+2.6) - 2.6 \times 0.43} = 1.05 （m³）$$

$$色石子总消耗量 = 1 \times (1 + 0.04) = 1.04 （m³）（包含损耗）$$

$$色石子总消耗量 = 1510 \times 1.04 = 1570.40 （kg）（折合为质量）$$

$$水泥用量 = \frac{1 \times 1200}{2.6} \times 1 = 461.5 （kg）$$

其中

$$白水泥用量 = 461.54 \times 0.20 = 92.31 （kg）$$

$$白水泥总消耗量 = 92.31 \times (1 + 0.01) = 93.23 （kg）$$

$$青水泥用量 = 461.54 \times 0.80 = 369.23 （kg）$$

$$青水泥总消耗量 = 369.23 \times (1 + 0.01) = 372.92 （kg）$$

$$氧化铁红总消耗量 = 461.54 \times 0.15 \times (1 + 0.03) = 7.13 （kg）$$

（三）菱苦土面层材料的材料用量计算

菱苦地面是由菱苦土、锯屑、砂、$MgCl_2$（或卤水）和颜料粉等原料组成，并分底层和面层。

（1）各材料用量计算公式如下：

$$每 1m³ 实体积化为虚体积 = \frac{1}{甲材料实体积 + 乙材料实体积 + 材料实体积} \tag{5-10}$$

$$料实体积＝材料占配合比比例(\%)\times(1-材料孔隙率) \tag{5-11}$$

$$每\ 1m^3\ 材料用量＝每\ 1m^3\ 的虚体积\times材料配合比比例（\%） \tag{5-12}$$

（2）孔隙率的计算：锯末容重 250 kg/m³，密度 600 kg/m³，孔隙率为 58％；砂的容重 1550 kg/m³，密度 2600 kg/m³，孔隙率为 40％；菱苦土若为粉状，则不计孔隙率。

（3）$MgCl_2$ 溶液不计体积，其用量按 0.3m³ 计算，密度按规范规定，一般为 1180～1200kg/m³，取定 1200kg/m³。因此，每 1m³ 菱苦土浆用 $MgCl_2＝0.30m^3\times1200kg/m^3＝360kg$。

（4）以卤水代替 $MgCl_2$ 时，露水浓度按 95％ 计算。每 1m³ 菱苦土浆用卤水＝(1/0.95)×360kg＝379kg

（5）颜料用量系外加剂材料，不计算体积，规范规定为总体积的 3％～5％，一般底层不用颜料，按面层总体积的 3％ 计算。

【例 5-7】　菱苦土地面，面层厚 10mm，底层厚 10mm，其损耗率为 1％；配合比为面层 1：0.4：0.6（菱苦土：锯屑：砂），底层 1：3：0.3，计算其各种材料的用量。

解　1. 按材料实体积计算

（1）面层部分

$$菱苦土的实体积＝\frac{1}{1+0.4+0.6}＝0.5（m^3）$$

$$锯屑的实体积＝\frac{0.4}{1+0.4+0.6}\times(1-58\%)＝0.084（m^3）$$

$$砂的实体积＝\frac{0.6}{1+0.4+0.6}\times(1-40\%)＝0.18（m^3）$$

（2）底层部分

$$菱苦土的实体积＝\frac{1}{1+3+0.3}＝0.233（m^3）$$

$$锯屑的实体积＝\frac{3}{1+3+0.3}\times(1-58\%)＝0.293（m^3）$$

$$砂的实体积＝\frac{0.3}{1+3+0.3}\times(1-40\%)＝0.042（m^3）$$

2. 实体积化为虚体积计算

$$面层的虚体积＝\frac{1}{0.5+0.084+0.18}＝1.309（m^3）$$

$$底层的虚体积＝\frac{1}{0.233+0.293+0.042}＝1.761（m^3）$$

（1）面层部分

$$菱苦土的虚体积＝1.309\times0.5＝0.65（m^3）$$

$$锯屑的实体积＝1.309\times0.2＝0.26（m^3）$$

$$砂的虚体积＝1.309\times0.3＝0.39（m^3）$$

（2）底层部分

菱苦土的虚体积＝1.761×0.233＝0.41（m³）

锯屑的实体积＝1.761×0.697＝1.23（m³）

砂的虚体积＝1.761×0.07＝0.12（m³）

3. 每100m²菱苦土地面各种材料的耗用量

菱苦土的耗用量＝(0.65×1.0＋0.41×1.0)×2.02＝2.14（m³）

锯屑的消耗量＝(0.26×1.0＋1.23×1.0)×2.02＝3.01（m³）

砂的消耗量＝(0.39×1.0＋0.12×1.0)×2.02＝1.03（m³）

$MgCl_2$的消耗量＝0.3×1200×1.01×2＝728（kg）

或卤水的消耗量＝728÷0.95＝766（kg）

颜料的消耗用量＝(0.65＋0.26＋0.39)×2.02×0.03＝0.079（m³）

颜料折合质量＝0.079×1150＝90.85（kg）

（四）水泥白石子（石屑）浆参考计算方法及其他参考数据

1. 水泥白石子（石屑）浆参考计算方法

设水泥白石子（石屑）浆配合比（体积比），即水泥：白石子＝a：b，水泥密度为A＝3100kg/m³，容重为A'＝1200 kg/m³；白石子密度为B＝2700 kg/m³，容重为B'＝1500 kg/m³，水的体积为$V_水$＝0.3m³。

水泥用量占百分比 $$D=\frac{a}{a+b},$$

白石子用量占百分比 $$D'=\frac{b}{a+b}, \text{则}$$

每1m³水泥白石子混合物的虚体积 $$V=\frac{1000}{D\times\frac{A'}{A}+D'\times\frac{B'}{B}} \tag{5-13}$$

$$水泥用量=(1-V_水)VDA' \tag{5-14}$$

$$白石子用量=(1-V_水)VDB' \tag{5-15}$$

有关数据参考表5-3、表5-4。

2. 装饰砂浆参考数据（见表5-5、表5-6）

表 5-3　每 1m³ 白石子浆配合比用料表

项　　目	单　位	1：1.25	1：1.5	1：2	1：2.5	1：3
水泥(325号)	kg	1099	915	686	550	458
白石子	kg	1072	1189	1376	1459	1459
水	m³	0.30	0.30	0.30	0.30	0.30

表 5-4　每 1m³ 石屑浆配合比用料表

项　　目	单　　位	水泥石屑浆 1：2	水泥豆石浆 1：1.25
水泥(325号)	kg	686	1099
豆粒砂	m³		0.73
石屑	kg	1376	—

表 5-5 外墙装饰砂浆的配合比及抹灰厚度表

项 目	分 层 做 法		厚度/mm
水刷石	水泥砂浆 1:3 底层		15
	水泥白石子浆 1:5 面层		10
剁假石	水泥砂浆 1:3 底层		16
	水泥石屑 1:2 面层		10
水磨石	水泥砂浆 1:3 底层		16
	水泥白石子浆 1:2.5 面层		12
干粘石	水泥砂浆 1:3 底层		15
	水泥砂浆 1:2 面层		
	撒粘石面		7
石灰拉毛	水泥砂浆 1:3 底层		14
	纸筋灰浆面层		6
水泥拉毛	混合砂浆 1:3:9 底层		14
	混合砂浆 1:1:2 面层		6
喷涂	混凝土外墙	水泥砂浆 1:3 底层	1
		混合砂浆 1:1:2 面层	4
	砖外墙	水泥砂浆 1:3 底层混合	15
		砂浆 1:1 面层	4
滚涂	混凝土墙	水泥砂浆 1:3 底层	1
		混合砂浆 1:1:2 面层	4
	砖墙	水泥砂浆 1:3 底层混合	15
		砂浆 1:1 面层	4

表 5-6 装饰抹灰砂浆损耗率

项 目	材料、成品、半成品名称	损耗率/%
水泥及水泥石灰砂浆抹面	天棚水泥石灰砂浆	3
	墙面、墙裙水泥石灰砂浆	2
	墙面、墙裙水泥石灰砂浆	2
	梁、柱面水泥石灰砂浆	3
	外墙面、墙裙水泥石灰砂浆	2
	腰线水泥砂浆(普通)	2.5
	腰线水泥砂浆(复杂)	3
石灰砂浆抹面	天拥水泥石灰砂浆(普通)	3
	天棚石灰砂浆(普通)	1.5
	大棚纸筋石灰砂浆(普通)	1.5
	大棚纸筋石灰砂浆(中级)	1.5
	天棚石灰麻刀砂浆(中、高级)	1.5
	天棚石灰砂浆(中级)	1.5
	天棚纸筋石灰砂浆(中级)	1.5
	天棚水泥石灰砂浆(高级)	1.5
	天棚石灰砂浆(高级)	1.5
	天棚纸筋石灰砂浆(高级)	1.5
墙面	纸筋灰砂浆(普通)	1
	水泥石灰砂浆(普通)	1
	石灰砂浆(中级)	1
	石灰麻刀浆(中级)	1
	纸筋灰浆(中级)	1
	石灰麻刀浆(高级)	1
	石灰砂浆(高级)	1
	纸筋灰浆(高级)	1

续表

项　　目	材料、成品、半成品名称	损耗率/%
柱面、梁面	水泥石灰砂浆	1
	石灰砂浆	1
	纸筋灰浆	1
装饰抹面、水刷面	墙面、裙水泥砂浆	2
	墙面、裙水泥石灰砂浆	3.5
	柱面、梁面水泥砂浆	3
	柱面、梁面水泥白石子浆	4
	腰线水泥砂浆	3
	腰线水泥白石子浆子	4.5
	磨石墙面、墙裙水泥砂浆	2
	墙面、墙裙水泥白石子浆柱面及其	1
	水泥砂浆	2
	水泥白石子浆剁假石	1
	墙面、墙裙水泥砂浆	2
	墙面、墙裙水泥石屑浆	5
	柱面、梁面水泥砂浆	3
	柱面、梁面、水泥石屑浆	4
	腰线水泥砂浆	3
	腰线水泥石屑浆	4.5
	天棚水泥石灰砂浆	3
	天棚纸筋灰砂浆	1.5
	墙面石灰浆	2
	墙面水泥石灰浆	2
镶贴砖面	墙面、墙裙水泥砂浆	2
	墙面及其他水泥砂浆	3
装饰工程材料	水泥	1.5
	砂	3
	石灰膏	1
	麻刀	1
	纸筋	2
	白石子	8
装饰工程材料	石膏	5
	银粉	2
	铅粉	2
	大白	8
	汽油	10
	可赛银	3
	生石灰	10
	水胶	2
	石性颜料	4
	清油	2
	铅油	2.5
	调和漆	2
	地板漆	2
	万能漆	3
	清漆	3
	防锈漆	5
	煤油	3
	漆片	1
	酒精	7
	松节油	3
	松香水	4
	硬白蜡	2.5
	木炭	8

第二节　建筑装饰用块料用量计算

随着科学技术和我国装饰行业的迅速发展，建筑材料品种不断增加，装饰用块料（板）材料品种日益增多，如建筑陶瓷面砖、釉面砖、天然大理石板或人造大理石板、彩色水磨石板、建筑板材塑料贴面板、铝合金压型板、天棚材料钙塑泡沫板、石膏装饰板等。

一、建筑陶瓷砖用量计算

建筑陶瓷砖种类很多，装饰上主要有釉面砖、外墙贴面砖、铺地砖、陶瓷锦砖等。

（一）釉面砖

釉面砖又称内墙面砖，是上釉的薄片状精陶建筑装饰材料。它主要用于建筑物内装饰、铺贴台面等。白色釉面砖，颜色纯白、釉面光亮、清洁大方。彩色釉面砖中，有光彩色釉面砖，釉面光亮晶莹、色彩丰富；无光彩色釉面砖，釉面半无光、不晃眼、色泽一致、色调柔和。此外，还有各种装饰釉面砖，如花釉砖、结晶釉砖、白地图案砖等。釉面砖不适于严寒地区室外用，经多次冻融，易出现剥落掉皮现象，所以在严寒地区宜慎用。

（二）外墙贴面砖

外墙贴面砖是用作建筑外墙装饰的瓷砖，一般是属陶质的，也有炻质的。其坯体质地密实，釉质也比较耐磨，因此它具有耐水性、抗冻性，用于室外不会出现剥落掉皮现象。坯体的颜色较多，如米黄色、紫红色、白色等，主要是因为所用的原料和配方不同。制品分有釉、无釉两种，颜色丰富，花样繁多，适于建筑物外墙面装饰。它不仅可以防止建筑物表面被大气侵蚀，而且可使立面美观。

（三）铺地砖

铺地砖又称缸砖，是不上釉的，用作铺地，易于清洗、耐磨性较好。它适用于交通频繁的地面、楼梯和室外地面，也可用于工作台面。其颜色一般有白色、红色、浅黄色和深黄色，地砖一般比墙面砖厚（约为 10mm 以上），其背纹（或槽）较深（0.5～2mm），这样便于施工和提高黏结强度。

（四）陶瓷锦砖

陶瓷锦砖又称马赛克，是可以组成各种装饰图案的小瓷砖。它可用于建筑物内、外的墙面和地面。陶瓷锦砖产品一般出厂前都已按各种图案粘贴在牛皮纸上，每张 30cm 见方，其面积为 $0.093m^2$。陶瓷块料的用量计算公式为：

$$100m^2 \text{ 用量} = \frac{100}{（\text{块长}+\text{拼缝}）×（\text{块宽}+\text{拼缝}）}×（1+\text{损耗率}） \qquad (5-16)$$

【例 5-8】　釉面瓷砖规格为 $200mm×150mm$，接缝宽度为 1.5mm，其损耗率为 1%，求 $100m^2$ 需用块数。

解　$100m^2 \text{ 用量} = \dfrac{100}{（0.2+0.0015）×（0.15+0.0015）}×（1+0.01）=3309 \text{（块）}$

二、建筑石材板（块）用量计算

建筑石材包括天然石和人造石板材，如天然大理石板、花岗岩饰面板、人造大理石板、彩色水磨石板、玉石合成装饰板等。

（一）天然大理石板

天然大理石是一种富有装饰性的天然石材，品种繁多，是厅、堂、馆、所及其他民用建筑中人们追求的室内装饰材料。其常见规格见表5-7。

表 5-7　天然大理石板规格 （单位：mm）

平　板			踢　脚　板		
长	宽	高	长	宽	高
500	500	25.30	500	120	19.25
400	400	25	400	120	19.25
305	305	19.25	300	120	19.25

（二）花岗岩石饰面板

花岗岩石板材由花岗岩、辉长岩和闪长岩等加工而成。根据加工方法，可分为剁斧板材、机刨板材、粗磨板材和抛光板材。花岗石质地坚硬，耐酸碱、耐冻，用途广泛。多用于高级民用建筑、永久性纪念建筑的墙面及地面。其常用规格见表5-8。

表 5-8　花岗岩石板规格 （单位：mm）

长	宽	高	长	宽	高
300	300	20	305	305	20
400	400	20	610	305	20
600	300	20	610	610	20
600	600	20	915	610	20
900	600	20	1067	762	20
1070	750	20			

（三）人造大理石板

人造大理石又称合成石，是以不饱和聚酯树脂为胶结料，掺以石粉、石渣制成。它具有天然大理石的花纹和质感，重量只及天然大理石的50％，强度高，厚度薄，并具有耐酸碱、抗污染等优点，其色彩和花纹均可仿制天然大理石的纹样。其最大特点是物美价廉，成本仅及天然大理石的30％～50％。

（四）彩色水磨石板

彩色水磨石板系以水泥和彩色石屑拌和，经成型、养护、研磨和抛光后制成，具有强度高、坚固耐用、美观、施工简便等特点。它可做各种饰面板，如墙面板、地面板、窗台板、踢脚板、隔断板、台面板和踏步板等。它较之天然大理石有更多的选择性、价廉物美，室内外均可采用，是建筑上广泛采用的装饰材料。其品种规格有定型和不定型两种。定型产品规格见表5-9。

表 5-9　彩色水磨石板规格 （单位：mm）

平　板			踢　脚　板		
长	宽	高	长	宽	高
500	500	25.30	500	120	19.25
400	400	25	400	120	19.25
305	305	19.25	300	120	19.25

石材板（块）料用量计算公式为：

$$100\text{m}^2\ 用量 = \frac{100}{(块长+拼缝)\times(块宽+拼缝)}\times(1+损耗率) \qquad (5-17)$$

【例 5-9】　花岗岩板规格为 $400mm\times150mm$，接缝宽为 $5mm$。损耗率为 1%，求 $100m^2$ 需用量。

解　$100m^2$ 用量 $=\dfrac{100}{(0.4+0.005)\times(0.15+0.005)}\times(1+0.01)=1609$（块）

三、建筑板材用量计算

建筑板材中的新型装饰板种类繁多，诸如胶合板、纤维板、竹胶合板、水泥刨花板、石棉水泥平板、半波瓦、纸面稻草板、石膏板、防火轻质板、铜浮雕艺术装饰板、搪瓷瓦棱板、铝合金压型板、彩色不锈钢板和塑料贴面装饰板等。

（一）常用人造板

1. 胶合板

胶合板是用原木旋切成薄片，再用胶黏剂按奇数层，以各层纤维互相垂直的方向，胶合热压而成的人造板材，最高层可达 15 层。胶合板大大提高了木材的利用率。板材质地均匀、强度高、无疵点、幅面大、变形小、使用方便。常用规格为 $1220mm\times2440mm$。

2. 纤维板

纤维板是将木材加工下来的板皮、刨花树枝等废料，经破碎浸泡、研磨成木浆，再加入一定的胶料，经热压成型、干燥处理而成的人造板材，分硬质纤维板、半硬质和软质纤维板三种。纤维板材质构造均匀、各向强度一致、抗弯强度高且耐磨、绝热性好，不易胀缩和翘曲变形，不腐朽，无木节、虫眼等缺陷。常用规格为 $1220mm\times2440mm$。

（二）常用石膏板

1. 纸面石膏板

纸面石膏板包括普通纸面石膏板、耐火纸面石膏板和装饰吸声纸面石膏板三种。它们都是以建筑石膏为主要原料，掺入适量纤维和外加剂等制成芯板，再在其表面贴以厚质护面纸而制成的板材。该板具有质轻、抗弯强度高、防火、隔热、隔声抗震性能好、收缩率小、可调节室内湿度等优点。

2. 装饰石膏板

装饰石膏板可直接做为面层材料使用，表面有纯白浮雕板、钻孔型板、彩色花面板等。石膏板的常用规格见表 5-10。

表 5-10　石膏装饰板规格　　　　　（单位：mm）

装饰石灰膏			纸面石灰膏		
长	宽	厚	长	宽	厚
300	300	8～10	3000	1200	12
400	400	8～10	2750	1200	12
500	500	8～10	2500	900	12
600	600	8～10	2400	900	12

（三）塑料复合钢板

塑料复合钢板在原板 BYI-2 钢板上覆以 $0.2\sim0.4mm$ 的软质或半硬质聚氯乙烯塑料薄膜，分单面覆层和双面覆层两种。具有绝缘、耐磨、耐酸碱、耐油及醇的侵蚀等特点，且加工性能好，施工容易，可切断、弯曲、钻孔、铆接、卷边，适宜做屋面板、瓦棱板、墙板。其规格为 $2.00mm\times1.00mm$ 厚度 $0.5\sim2mm$。薄钢板的理论质量见表 5-11。

表 5-11 铝钢板的理论质量

厚度 /mm	理论质量 /(kg/m²)	厚度 /mm	理论质量 /(kg/m²)	厚度 /mm	理论质量 /(kg/m²)	厚度 /mm	理论质量 /(kg/m²)
0.50	3.925	0.80	6.280	1.2	9.420	1.50	11.775
0.60	4.710	0.90	7.065	1.25	9.813	1.60	12.560
0.70	5.495	1.00	7.850	1.30	10.205	1.80	14.130
0.75	5.888	1.10	8.635	1.40	10.990	2.00	15.700

注：覆层重叠时，双面加 1kg/m²，单面加 0.5kg/m²。

（四）铝合金压型板

铝合金压型板选用纯铝、铝合金为原料，经辊压冷加工成各种波形的金属板材。它具有重量轻、强度高、刚度好、经久耐用、耐大气腐蚀等特点。其光照反射性好，不燃，回收价值高，适宜做屋面及墙面，经着色可做室内装饰板。铝艺术装饰板是高级建筑的装饰材料。它是采用阳极表面处理工艺而制成的。它有各种图案，并具有质感，适用于装饰门厅、柱面、墙面、吊顶和家具等。

因板材施工多采用镶嵌、压条及圆钉或螺钉固定，也可用胶粘等，故一般不计算拼缝，其计算公式为：

$$100\text{m}^2\text{ 用量} = \frac{100}{\text{块长} \times \text{块宽}} \times (1 + \text{损耗率}) \qquad (5\text{-}18)$$

【例 5-10】 彩色钢板规格为 3000mm×550mm，不计拼缝，其损耗率为 5%，求 100m²需用张数。

解
$$100\text{m}^2 \text{ 用量} = \frac{100}{3 \times 0.55} \times (1 + 0.05) = 64 \text{ （张）}$$

【例 5-11】 聚酯装饰板规格为 1220mm×2440mm，不计拼缝，其损耗率为 5%，求 100m²需用张数。

解
$$100\text{m}^2 \text{ 用量} = \frac{100}{1.22 \times 2.44} \times (1 + 0.05) = 36 \text{ （张）}$$

四、顶棚材料用量计算

顶棚材料要求较高，除装饰美观外，尚需具备一定的强度，具有防火、质量轻和吸声性能。由于建材的发展，顶棚材料品种日益增多，如珍珠岩装饰吸声板，软、硬质纤维装饰吸声板，矿棉装饰吸声板，钙塑泡沫装饰板，石膏浮雕板，塑料装饰板和金属微穿孔板等。

（一）珍珠岩装饰吸声板

珍珠岩装饰吸声板是颗粒状膨胀珍珠岩用胶黏剂黏合而成的多孔吸声材料。它质量轻，板面可以喷涂各种涂料，也可进行漆化处理（防潮），具有美观、防火、防潮、不易翘曲、不易变形等优点。除用做一般室内天棚吊顶饰面吸声材料外，还可用于影剧场、车间的吸声降噪，以及控制混响时间，且对中高频的吸声作用较好。其中复合板结构具有强吸声的效能。

珍珠岩吸声板可按胶黏剂不同区分，有水玻璃珍珠岩吸声板、水泥珍珠岩吸声板和聚合物珍珠岩吸声板；按表面结构形式分，则有不穿孔的凸凹形吸声板、半穿孔吸声板、装饰吸声板和复合吸声板。相应的规格见表 5-12。

表 5-12　珍珠岩装饰吸声板规格　　　　　　　　　　（单位：mm）

名　称	规　格	名　称	规　格
膨胀珍珠岩装饰吸声板	$500 \times 500 \times 20$	膨胀珍珠岩装饰吸声板	$300 \times 300 \times 12(18)$
J2-1 型珍珠岩高效吸声板	$500 \times 500 \times 35$	珍珠岩装饰吸声板	$400 \times 400 \times 20$
J2-2 型珍珠岩高效吸声板	$500 \times 500 \times 15(10)$	膨胀珍珠岩装饰吸声板	$500 \times 500 \times 23$
珍珠岩穿孔板	$500 \times 500 \times 10(15)$	珍珠岩吸声板	$500 \times 250 \times 35$
珍珠岩吸声板	$500 \times 500 \times 35$	珍珠岩穿孔复合板	$500 \times 500 \times 40$
珍珠岩穿孔复合板	$500 \times 500 \times 20(30)$		

（二）矿棉装饰吸声板

矿棉吸声板以矿渣棉为主要原材料，加入适当胶黏剂、防潮剂、防腐剂，加压烘干而成。它经表面处理或与其他材料复合，可控制纤维飞扬，且具有吸声、保温、质轻、防火等特点，用于剧场、宾馆、礼堂、播音室、商场、办公室、工业建筑等处的顶棚以及用作内墙装修的保温、隔热材料，可以控制和调整混响时间，改善室内音质、降低噪声级、改善环境和劳动条件。其常用规格有 500mm×500mm×12mm，596mm×596mm×12mm，496mm×496mm×12mm 三种。

（三）钙塑泡沫装饰吸声板

钙塑泡沫装饰吸声板以聚乙烯树脂加入无机填料轻质碳酸钙、发泡剂、润滑剂、颜料，以适量的配合比经混炼、模压、发泡成型而成。它分普通板及加入阻燃剂的难燃泡沫装饰板两种。其表面有凹凸图案和平板穿孔图案两种。穿孔板的吸声性能较好，不穿孔的隔声、隔热性能较好。它具有质轻、吸声、耐水及施工方便等特点，适用于大会堂、剧场、宾馆、医院及商店等建筑的室内平顶或墙面装饰吸声等。其常用规格为 500mm×500mm、530mm×530mm、300mm×300mm，厚度为 2～8mm。

（四）塑料装饰吸声板

塑料装饰吸声板以各种树脂为基料，加入稳定剂、色料等辅助材料，经捏和、混炼、拉片、切粒、挤出成型而成。它的种类较多，均以所用树脂取名，如聚氯乙烯塑料板，即以聚氯乙烯为基料的泡沫塑料板。这些材料具有防水、质轻、吸声、耐腐蚀等优点，导热系数低，色彩鲜艳。它适用于会堂、剧场、商店等建筑的室内吊顶或墙面装饰。因产品种类繁多，规格及生产单位也比较多，依所选产品规格进行计算。

上述这些板材一般不计算拼缝，其计算公式为：

$$100\text{m}^2 \text{用量} = \frac{100}{\text{块长} \times \text{块宽}} \times (1 + \text{损耗率}) \tag{5-19}$$

【例 5-12】　矿棉装修吸音板规格为 496mm×496mm，其损耗率为 1%，求 100m² 需用块数。

解　　　　$100\text{m}^2 \text{用量} = \dfrac{100}{(0.496 \times 0.496)} \times (1 + 0.01) = 411$（块）

第三节　壁纸、地毯用料计算

一、壁纸

壁纸是目前国内外使用十分广泛的墙面装饰材料。

壁纸品种繁多，按外观效果来分，有印花、压花和浮雕壁纸等；按功能来分，有装饰性壁纸、防火壁纸、耐水壁纸等；按施工方法来分，有现场刷胶裱糊，背面预涂胶直接铺贴的。一般按壁纸所用材料大体可分为四类：纸面纸基、纺织物壁纸（布）、天然材料面壁纸及塑料面壁纸。有关的规格见表 5-13。

表 5-13 塑料面壁纸规格

项 目	幅度/mm	长度/m	每卷面积/m²
小卷	窄幅 530～600	10～20	5～6
中卷	中幅 600～900	20～50	20～40
大卷	宽幅 920～1200	50	46～90

壁纸消耗量因不同花纹图案，不同房间面积，不同阴阳角和施工方法（搭缝法、拼缝法），其损耗随之增减，一般在 10%～20% 之间，如斜贴需增加 25%，其中包括搭接、预留和阴阳角搭接（阴角 3mm，阳角 2mm）的损耗，不包括运输损耗（在材料预算价格内）。其计算用量如下。

墙面（拼缝）　　　　100m² 用量＝100m²×1.15＝115m²

墙面（搭缝）　　　　100m² 用量＝100m²×1.20＝120m²

天棚斜贴　　　　　　100m² 用量＝100m²×1.25＝125m²

二、地毯

地毯是地面装饰材料，它触感好、品种多样、给人温暖的感觉，有隔热、减少噪声的作用，但不耐磨、易污染。

（一）分类

1. 按图案花饰分类

按图案花饰可分为四种：北京式、美术式、彩花式和素凸式。

2. 按地毯材质分类

（1）纯毛地毯　这种地毯是我国传统的手工艺品之一，历史悠久，驰名中外，图案优美、色彩鲜艳，质地厚实，经久耐用。用以铺地，柔软舒适，并且富丽堂皇，装饰效果极佳。多用于宾馆、会堂、舞台、建筑物的楼地面上。

（2）混纺地毯　品种很多，常以毛纤维和各种纤维混纺。适合于会议厅、会客室等场所使用。

（3）合成纤维地毯　又称化纤地毯。这类地毯品种较多，如丙纶地毯、腈纶地毯、氯纶地毯、长丝簇绒丙纶地毯等。其外表与触感均像羊毛，耐磨且富有弹性，给人以舒适感。

（4）塑料地毯系　一种新型轻质地毯。它的品种多、图案多样、色彩丰富、经久耐磨，能满足人们的装饰需要；施工简便，属粘贴型的，十分方便；材轻、质感较好、易清洁，与地砖相比具有不打滑，冬天没有阴冷的感觉等优点；其价格低廉，维修方便，适用于宾馆、商场、浴室及其公共建筑。

（二）用量计算

计算大面积铺设所需地毯的用量，其损耗，按面积增加 10% 计算；楼梯满铺地毯，先测量每级楼梯深度与高度，将量得的深度与高度相加后乘以楼梯的级数，再加上 45cm 的余量，以便挪动地毯，转移常受磨损的位置。其用量一般是先计算楼梯的正投影面积，然后再乘以系数 1.5。

第四节　油漆、涂料用量计算

一、油漆用量计算

利用油漆做保护、装饰材料，在我国已有悠久历史。随着树脂工业的发展，各种有机合成树脂相继出现，使油漆原料从天然油脂发展到合成树脂，以一般油漆用量为例，根据遮盖力实验，其遮盖力可按下式计算：

$$X=\frac{G(100-W)}{A}\times10000-37.5 \qquad (5-20)$$

式中　X——遮盖力，g/m^2；

　　　A——黑白格板的涂漆面积，cm^2；

　　　G——黑白格板完全遮盖时涂漆质量，g；

　　　W——涂料中含清油质量百分数。

将原漆与清油按 3∶1 的比例调匀混合后，经试验可测得以下各色油漆遮盖力。

象牙、白色	≤220 g/m²	蓝色	≤120 g/m²
红色	≤220 g/m²	黑色	≤40 g/m²
黄色	≤180 g/m²	灰、绿色	≤80 g/m²
铁红色	≤70 g/m²		

其他涂料的遮盖力详见表 5-14。

表 5-14　各种涂料遮盖力

产品及颜色	遮盖力/(g/m²)	产品及颜色	遮盖力/(g/m²)
(1)各色各类调和漆		红、黄色	≤140
黑色	≤40	(5)各色硝基外用磁漆	
铁红色	≤60	黑色	≤20
绿色	≤80	铝色	≤30
蓝色	≤100	深复色	≤40
红、黄色	≤180	浅复色	≤50
白色	≤200	正蓝、白色	≤60
(2)各色醋胶磁漆		黄色	≤70
黑色	≤40	红色	≤80
铁红色	≤60	紫红、深蓝色	≤100
蓝、绿色	≤80	柠檬黄色	≤120
红、黄色	≤160	(6)各色过氯乙烯外用磁漆	
灰色	≤100	黑色	≤20
(3)各色酚醛磁漆		深复色	≤40
黑色	≤40	浅复色	≤50
铁红、草绿色	≤60	正蓝、白色	≤60
绿灰色	≤70	红色	≤80
蓝色	≤80	黄色	≤90
浅灰色	≤100	深蓝、紫红色	≤100
红、黄色	≤160	柠檬黄色	≤120
乳白色	≤140	(7)聚氨醋磁漆	
地板漆(棕、红)	≤50	红色	≤140
(4)各色醇酸磁漆		白色	≤140
黑色	≤40	黄色	≤150
灰、绿色	≤55	黑色	≤40
蓝色	≤80	蓝灰绿色	≤80
白色	≤100	军黄、军绿色	≤110

估算油漆用量，首先需计算被漆的面积（m^2），再从表 5-14 查出这种油漆的遮盖力（g/m^2），两者相乘再除以 1000，即得这种油漆的用量（kg），计算公式为：

$$涂料用量＝涂刷面积×遮盖力÷1000 \qquad (5-21)$$

【例 5-13】 涂刷红色油漆 500m^2，如涂刷一遍需多少红色油漆？

解 $$500×220÷1000＝110 （kg）$$

二、涂料用量计算

涂料用量计算大多依据产品各自性能特点，以每 1kg 涂刷面积计算，再加上损耗量。计算公式为：

$$涂料用量＝\frac{涂料刷涂面积}{每 1kg 涂刷面积}×（1＋损耗率） \qquad (5-22)$$

外墙涂料、内墙顶棚涂料、地面涂料和特种涂料的参考用量指标见表 5-15、表 5-16、表 5-17、表 5-18。

表 5-15 外墙涂料参考用量 （单位：m^2/kg）

名 称	主要成分	适用范围	参考用量
(1)浮雕型涂料			
各色丙烯酸凸凹乳胶底漆	苯乙烯、丙烯酸酯	水泥砂浆、混凝土等基层，也适用内墙	1
	硅溶液	外墙	0.5～0.8
无机高分子凸凹状涂料	丙烯酸	水泥砂浆、混凝土、石棉水泥板、砖墙等基层	1
PG-838 浮雕漆厚涂料	苯乙酸、丙烯酸醋	砖、水泥砂浆、天花板、纤维板、金属等基层	0.6～1.3
B-841 水溶性丙烯酸浮雕漆	丙烯酸醋	混凝土、水泥砂浆等基层	底 8
			中 6～7
高级喷磁型外墙涂料			面 7～8
(2)彩砂类涂料			
彩砂涂料	苯乙烯、丙烯酸醋	水泥砂浆、混凝土、石棉水泥板、砖墙等基层	0.3～0.4
彩色砂粒状外墙涂料	苯乙烯、丙烯酸醋	水泥砂浆、混凝土等基层	0.3
丙烯酸砂壁状涂料	丙烯酸醋	水泥砂浆、混凝土、石膏板、胶合硬木板基层	0.6～0.8
珠光彩砂外墙涂料	苯乙烯、丙烯酸醋	混凝土、水泥砂浆、加气混凝土等基层	0.2～0.3
彩砂外墙涂料	苯乙烯、丙烯酸醋	水泥砂浆、混凝土及各种板材	0.4～0.5
苯一丙彩砂涂料	苯乙始、丙烯酸醋	水泥砂浆、混凝土等基层	0.3～0.5
(3)厚质类涂料			
乙丙乳液厚涂料	醋酸乙始、丙烯酸醋	水泥砂浆、加气混凝土等基层	2
各色丙烯酸拉毛涂料	苯乙烯、丙烯酸醋	水泥砂浆等基层，也可用于室内顶棚	1
TJW-2 彩色弹涂料材料	硅酸钠	混凝土、水泥砂浆等基层	0.5
104 外墙涂料	聚乙烯醇	水泥砂浆、混凝土、砖墙等基层	1～2
外墙多彩涂料	硅酸钠	外墙	0.8
(4)薄质类涂料			
BT 丙烯酸外墙涂料	丙烯酸醋	水泥砂浆、混凝土、砖墙等基层	3
LT-2 有光乳胶漆	苯乙烯、丙烯酸醋	混凝土、木质及预涂底漆的钢质表面	6～7
SA-1 乙丙外墙涂料	醋酸乙烯、丙烯酸醋	水泥砂浆、混凝土、砖墙等基层	3.5～4.5
外墙平光乳胶涂料	苯乙烯、丙烯酸醋	外墙面	6～7
各色外用乳胶涂料	丙烯酸醋	水泥砂浆、白灰砂浆等基层	4～6

表 5-16　内墙顶棚涂料参考用量　　　　　　　　　　（单位：m²/kg）

名　　称	主要成分	适用范围	参考用量
(1)苯丙类涂料			
苯丙有光乳胶漆	苯乙烯、丙烯酸酯	室内外墙体、天花板、木制门窗	4～5
苯丙无光内用乳胶漆	苯乙烯、丙烯酸酯	水泥砂浆、灰泥、石棉板、木材、纤维板	6
SJ 内墙滚花涂料	苯乙烯、丙烯酸酯	内墙面	5～6
彩色内墙涂料	丙烯酸酯	内墙面	3～4
(2)乙丙类涂料			
8101-5 内墙乳胶漆	醋酸乙烯、丙烯酸酯	室内涂饰	4～6
乙-丙内墙涂漆	醋酸乙烯、丙烯酸酯	内墙面	6～8
高耐磨内墙涂料	醋酸乙烯、丙烯酸	内墙面	5～6
(3)聚乙烯醇类涂料			
ST-1 内墙涂料	聚乙烯醇	内墙面	6
象牌 2 型内墙涂料	聚乙烯醇	内墙面	3～4
811# 内墙涂料	聚乙烯醇	内墙面	3
HC-80 内墙涂料	聚乙烯醇、硅溶液	内墙面	2.5～3
(4)硅酸盐类涂料			
砂胶顶棚涂料	有机和无机高分子胶黏剂	天花板	1
C-3 毛面顶棚涂料	有机和无机胶黏剂	室内顶棚	1
(5)复合类涂料			
FN-841 内墙涂料	复合高分子胶黏剂碳酸盐矿物盐	内墙面	
TJ841 内墙装饰涂料	有机高分子	内墙面	2.5～4
(6)丙烯酸类涂料			
PG-838 内墙可擦洗涂料	丙烯酸系乳液、改性水溶性树脂	水泥砂浆、混合砂浆、纸筋、麻刀灰磨面	3
JQ831 耐擦洗内墙涂料	丙烯酸乳液	内墙装饰	3～4
各色丙烯酸滚花涂料	丙烯胶乳液	水泥和抹灰墙面	3
(7)氯乙烯类涂料			
氯偏共聚乳液呢墙涂料	氯乙烯、偏氯乙烯	内墙面	3.3
氯偏乳胶内墙涂料	氯乙烯、偏氯乙烯	内墙装饰	5
(8)其他类涂料			
建筑水性涂料	水溶性胶黏剂	内墙面	4～5
854NW 涂料		水泥、灰、砖墙等墙面	3～5
内墙涂花装饰涂料		内墙面	3～4

表 5-17　地面涂料参考用量　　　　　　　　　　（单位：m²/kg）

名　　称	主要成分	适用范围	参考用量
F80-31 酚醛地板漆	酚醛树脂	木质地板	2～3
S-700 聚氨酯弹性地面涂料	聚醚	超净车间、精密机房	1.2
多功能聚氨酯弹性彩色地面涂料	聚氨酯	纺织、化工、电子仪表、文化体育建筑地面	0.8
505 地面涂料	聚醋酸乙烯	木质、水泥地面	2
过氯乙烯地面涂料	过氯化烯	新旧水泥地面	5
DJQ-1 地面漆	尼龙树脂	水泥面、有弹性	5
氯-偏地坪涂料	聚氯乙烯、偏氯乙烯	耐碱、耐化学腐蚀、水泥地面	5～7

表 5-18　特种涂料参考用量　　　　　　（单位：m^2/kg）

名　称	主要成分	适用范围	参考用量
(1)防水类涂料			
JS 内墙耐水涂料	聚乙烯醇缩甲醛苯乙烯、丙烯酸醋	浴室厕所、厨房等潮湿部分的内墙	3
NF 防水涂料		地下室及有防水要求的内外墙	2.5～3
洞库防潮涂料（水乳型）	氯一偏聚合物	内墙防潮	0.2
(2)防霉防腐类涂料			
水性内墙防霉涂料	氯偏乳液	食品厂以及地下室等易霉变的内墙	4
CP 防霉涂料	氯偏聚合物	内墙防霉	0.2
各色丙烯酸过抓乙烯厂房防腐漆	丙烯酸、过氯乙烯	厂房内外墙防腐与涂刷装修	5～8
(3)防火类涂料			
YZ-196 发泡型防火涂料	氮杂环和氧杂环	木结构和木材制品	1
CT-01-03 微珠防火涂料	无机空心微珠	钢木结构、混凝土结构、木结构建筑、易燃设备	1.5
(4)文物保护类涂料			
古建筑保护涂料	丙烯酸、共聚树脂	石料、金箔、彩面、表面、保护装饰	4～5
丙烯酸文物保护涂料	甲基丙烯酸、聚乙烯醇缩丁醛	室内多孔性文物和遗迹、陶器、砖瓦、壁画和古建筑物的保护	2
(5)其他类涂料			
WS-1 型卫生灭蚊涂料	聚乙烯醇丙烯酸复合杀蚊剂	城乡住宅、营房、医院、宾馆、畜舍以及有卫生要求的商店、工厂的内墙	2.5～3

第五节　屋面瓦及其他材料计算

一、屋面瓦用量计算

建筑常用的屋面瓦，有平瓦（水泥瓦、黏土瓦）和波形瓦（石棉水泥、塑料瓦、玻璃钢瓦、钢丝网水泥瓦、铝瓦），古建筑的琉璃瓦和民间的小青瓦等。

屋面瓦用量计算公式如下：

$$每100m^2\ 瓦屋面用量=\frac{100}{瓦有效长×瓦有效宽}×(1+损耗率) \tag{5-23}$$

式中　瓦有效长——规格长减搭接长；

瓦有效宽——规格宽减搭接宽。

平瓦和波形瓦，其搭接宽度，如波形瓦大波和中波瓦不应少于半个波；小波瓦不应少于一个波；上下两排瓦搭接长度，应根据屋面坡度而定，但不应小于100mm。

【例 5-14】　玻璃钢波形瓦，规格 1820mm×720mm，搭接长为 150mm，搭接宽为62.5mm，损耗率为 2.5%，求 $100m^2$ 的用量。

解　$100m^2$ 玻璃钢波形瓦$=\dfrac{100}{(1.82-0.15)×(0.72-0.0625)}×(1+0.025)=93.35$（块）

二、卷材（油毡）用量计算

具体公式如下。

$$油毡100m^2\ 用量=\frac{每卷面积×100}{(卷材宽-长边搭接)×(卷材长-短边搭接)}×(1+损耗率)$$

$$\tag{5-24}$$

复习思考题

1. 花岗岩板规格为 400mm×400mm，接缝宽为 3mm，损耗率为 1.5%，求 100m² 需用量。

2. 石膏装修吸音板规格为 500mm×500mm，其损耗率为 1.3%，求 200m² 需用块数。

3. 如何计算涂料用量？

4. 如何计算地毯用量？

第六章

工程量清单及其计价

学习要求

    1. 工程量清单的编制：工程量清单的组成、分部分项工程量清单的编制（含表式、清单项目设置）、措施项目工程量清单的编制、其他项目清单的编制。

    2. 工程量清单计价：工程量清单计价的组成、综合单价的概念及其组成。

    3. 工程量清单报价的计算：工程量清单报价计算步骤、计算方法。

第一节 概 述

    我国工程造价计价依据包括概、预算定额，预算价格，费用定额以及有关计价办法、规定等，是在 20 世纪 50 年代初期，为适应当时的基本建设管理体制而建立起来并在长期的工程建设实践中日趋完善的，对合理确定和有效控制工程造价曾起到了积极作用。随着我国建筑市场的快速发展，招标投标制、合同制的逐步推行，以及加入世界贸易组织与国际接轨等要求，经建设部批准颁布，我国于 2003 年 2 月 17 日开始实施《建设工程工程量清单计价规范》。

一、工程量清单计价的意义

    （1）有利于实现从政府定价到市场定价、从消极自我保护向积极公平竞争的转变，对计价依据改革具有推动作用。特别是对施工企业，通过采用工程量清单计价，有利于施工企业编制自己的企业定额，从而改变了过去企业过分依赖国家发布定额的状况，通过市场竞争自主报价。

    （2）有利于公平竞争，避免暗箱操作。工程量清单计价，由招标人提供工程量，所有的投标人在同一工程量基础上自主报价，充分体现了公平竞争的原则；工程量清单作为招标文件的一部分，从原来的事后算账转为事前算账，可以有效改变目前建设单位盲目压价和结算无依据的状况，同时可以避免工程招标中的弄虚作假、暗箱操作等不规范的招标行为。

    （3）有利于风险合理分担。招标单位只对自己所报的成本、单价的合理性等负责，而对工程的变更或计算错误等不负责任；相应的这一部分风险则不由招标单位承担，这种格局符合风险合理分担与责权利关系对等的一般原则，同时也必将促进各方面的管理水平提高。

    （4）有利于工程拨付款和工程造价的最终确定。工程招标中标后，建设单位与中标的施工企业签订合同，工程量清单报价基础上的中标价就成为合同价的基础。投标清单上的单价是拨付工程款的依据，建设单位根据施工企业完成的工程量可以确定进度款的拨付额。工程竣工后，依据设计变更、工程量的增减和相应的单价，确定工程的最终造价。

（5）有利于标底的管理和控制。在传统的招标和投标方法中，标底一直是个关键因素，标底的正确性、保密程度一直是人们关注的焦点。而采用工程量清单计价方法，工程量是公开的，是招标文件内容的一部分，标底只起到一定的控制作用（即控制作用不能突破工程概算的约束），仅仅是工程招标的参考价格，不是标准的关键因素，且与标准过程无关，标底的作用将逐步弱化。这就是从根本上消除了标底准确性和标底泄露所带来的负面影响。

（6）有利于提高施工企业的技术和管理水平。中标企业可以根据中标价及投标文件中的承诺，通过对单位工程成本、利润进行分析，统筹考虑、精心选择施工方案，合理确定人工、材料、施工机械要素的投入与配置，优化组合，合理控制现场费用和施工技术措施费用等，以便更好地履行承诺，保证工程质量和工期，促进技术发展，提高经济管理水平和劳动生产率。

（7）有利于工程索赔的控制与合同价的管理。工程量清单计价可以加强工程实施阶段结算与合同价的管理和工程索赔的控制，强化合同履约意识和工程索赔意识。工程量清单作为工程结算的主要依据之一，在工程变更、工程款支付与结算等方面的规范管理起到积极作用，必将推动建设市场管理的全面改革。

（8）有利于建设单位合理控制投资，提高资金使用效益。通过竞争，按照工程量招标确定的中标价格，在不提高设计情况下与最终结算价是基本一致的，这样可以为建设单位的工程成本控制提供准确、可靠的依据，科学合理地控制投资，提高资金使用效率。

（9）有利于招标投标节省时间，避免重复劳动。以往投标报价，各个投标人需计算工程量，计算工程量约占投标报价工作量的70％～80％。采用工程量清单计价可以简化投标报价计算工程，有了投标人提供的工程量清单，投标人只需填报单价、计算合价，这缩短投标单位投标报价时间，更利于投标工作的公开化、科学合理化；同时，避免了所有的投标人按照同一图纸计算工程数量的重复劳动，节省了大量的社会财富和时间。

（10）有利于工程造价计价人员素质提高。推行工程量清单计价后，工程造价计价人员就不仅能看懂施工图、会计算工程量和套定额子目，而且要既懂经济又精通技术、熟悉政策法规，向全面发展的复合型人才转变。

二、工程量清单计价与传统定额预算计价的差别

我国长期以来采用的施工图预算法和正在推行的工程量清单计价法，由于不同的观念、制度和体制决定了两种计价方法的根本差异。

1. 编制工程量的单位不同

传统定额预算计价的编制单位是建设工程的工程量，分别由招标单位和投标单位按图计算；工程量清单计价的编制单位是工程量清单，由招标单位统一计算或委托有工程造价咨询单位统一计算，各投标单位根据自身的技术装备、施工经验、企业成本和企业定额管理水平自主填写报价。

2. 编制的时间和形式不同

传统的定额预算计价法是在发出招标文件后编制，一般采用总价形式；工程量清单报价必须在发出招标文件前编制，采用综合单价形式，综合了人工费、材料费、机械使用费、管理费和利润，并考虑风险因素。

3. 编制的依据不同

传统的定额预算计价法依据图纸；人工、材料、机械台班的消耗量依据建设行政主管部门颁发的预算定额；人工、材料、机械台班的单价依据工程造价管理部门发布的价格信息进行计算。由于我国幅员广，各地区资源、环境和技术条件千差万别，用统一的预算定额反映的仅是社会或行业的平均成本。工程量清单报价法，则是根据招标文件中的工程量清单和有关要求、施工现场情况、合理的施工方法以及计价办法编制；企业的投标报价则根据企业定额和市场价格信息，或参照建设行政主管部门发布的社会平均消耗量定额编制，反映的是企业的个别成本。

4. 费用组成不同

传统预算定额计价法的工程造价由直接工程费、现场经费、间接费、利润和税金组成。工程量清单计价法工程造价包括分部分项工程费、措施项目费、其他项目费、规费和税金。

5. 项目名称的设置和计算规则的不同

传统的预算定额，其项目一般是按分项工程（施工工序）进行设置的，包括的工程内容一般是单一的，据此规定了相应的工程量计算规则；工程量清单项目的划分，一般是以一个"扩大的分项工程"综合考虑的，包括了多项工程内容，据此也规定了相应的工程量计算规则，两者的工程量计算规则是有区别的。

6. 合同价调整方式不同

传统的定额预算计价合同价调整方式有变更签证、定额解释、政策性调整。工程量清单计价合同价调整方式主要是索赔。工程量清单的综合单价一般通过招标中报价的形式体现，一旦中标，报价作为签订施工合同的依据相对固定下来，工程结算按承包商实际完成工程量乘以清单中相应的单项式价计算，减少了调整活口。

三、"计价规范"编制的原则

根据建设部第107号令《建设工程施工发包与承包计价管理办法》，结合我国工程造价管理状况，总结有关的经验，参照国际上有关的工程量清单计价的通行做法，其指导思想是按照政府宏观调控，市场竞争形成价格，创造公平，公正，公开竞争的环境，建立全国统一的有序的建筑市场，既要与国际惯例接轨，又考虑我国的实际状况。

"计价规范"的编制原则具体如下。

1. 政府宏观调控、企业自主报价、市场竞争形成价格

按照政府宏观调控、企业自主报价、市场竞争形成价格的指导思想，为约束发包方与承包方计价行为，确定工程量清单计价原则、方法和必须遵循的规则，包括统一项目编码、项目名称、计量单位和工程量计算规则等。留给企业自主报价，参与市场竞争的空间，将属于企业性质的施工方法、施工措施和人工、材料、机械的消耗量水平，取费等交由企事业来确定，给予企业充分的权利，促进生产力的发展。

2. 与现行定额既有结合又有区别

预算定额是我国经过几十年实践的总结，在项目划分、计量单位、工程量计算规则等方面具有一定的科学性和实用性。《建设工程工程量清单计价规范》在编制过程中，尽量与定额衔接，但有些方面与工程预算定额还是有所区别的，其主要表现在以下几个方面。

（1）定额项目按国家规定以工序为划分项目。

（2）施工工艺和施工方法是根据大多数企业的施工方法综合取定的。

（3）人工、材料、机械的消耗量是根据"社会平均水平"综合测定。

（4）取费标准是根据不同地区平均测算的。

因此，企业报价时就会表现为平均主义，企业不能结合项目具体情况、自身技术管理自主报价，不能充分调动企业加强管理的积极性。

3. 既要考虑我国工程造价管理的现状，又要尽可能与国际惯例接轨的原则

根据我国当前工程建设市场发展的形式，逐步解决定额计价中与当前工程建设市场不相适应的因素，适应我国社会主义市场经济的需要，适应与国际接轨的需要，积极稳妥地推行工程量清单报价。因此"计价规范"的编制中，既借鉴了世界银行、菲迪克（FIDIC）英联邦国家以及我国香港地区的一些做法和思路，也结合了我国现阶段的具体情况。

四、《建设工程工程量清单计价规范》的特点

1. 强制性

由建设主管部门按照强制性国家标准的要求批准颁布，规定全部使用国有资金或国有资金投资为主的大中型建设工程应按计价规范规定执行。

2. 统一性

明确工程量清单是招标文件的组成部分，并规定了招标人在编制工程量清单时必须遵守的规则，做到四统一，即统一项目编码、统一项目名称、统一计量单位、统一工程量计算规则。

3. 实用性

附录中工程量清单项目及计算规则的项目名称表现的是工程实体项目，项目名称明确清晰，工程量计算规则简洁明了，特别还列有项目特征和工程内容，易于编制工程量清单时确定具体项目名称和投标报价。

4. 竞争性

①《建设工程工程量清单计价规范》中的措施项目，在工程量清单中只列"措施项目"一栏，具体采用什么措施，如模板、脚手架、临时设施、施工排水等详细内容由投标人根据企业的施工组织设计，根据具体情况报价，因为这些项目在各个企业的施工方案中各有不同，是企业竞争项目，也是企业施展才华的空间。

②《建设工程工程量清单计价规范》中人工、材料和施工机械没有具体的消耗量，投标企业可以依据企业的定额和市场价格信息进行报价，也可以参照建设行政主管部门发布的社会平均消耗量定额进行报价。

5. 通用性

采用工程量清单计价将与国际惯例接轨，实现工程量计算方法标准化、工程量计算规则统一化、工程造价确定市场化的要求。

五、《建设工程工程量清单计价规范》的内容

《建设工程工程量清单计价规范》包括正文和附录两大部分，二者具有同等效力。正文共五章，包括总则、术语、工程量清单编制、工程量清单计价、工程量清单及其计价格式等内容，分别就"计价规范"的适用范围、遵循的原则、编制工程量清单应遵循的规则、工程量清单计价活动的规则、工程量清单及其计价格式做了明确规定。

附录包括：附录A建筑工程工程量清单项目及计算规则，附录B装饰装修工程工程量清单项目及计算规则，附录C安装工程工程量清单项目及计算规则，附录D市政工程工程量清单项目及计算规则，附录E园林绿化工程工程量清单项目及计算规则。附录中包括项目编码、项目名称、项目特征、计量单位、工程量计算规则和工程内容，其中项目编码、项目名称、计量单位、工程量计算规则四个方面的内容，要求招标人在编制工程量清单时必须按照全国统一规定执行。

各附录适用范围和内容如下。

① 附录A清单项目适用于采用工程量清单计价的工业与民用建筑物和构筑物的建筑工程。

附录A清单项目包括土石方工程，桩与地基基础工程，砌筑工程，混凝土及钢筋混凝土工程，厂库房大门、特种门，木结构工程，金属结构工程，屋面及防水工程，防腐隔热保温工程，共8章45节177个项目。

② 附录B清单项目适用于采用工程量清单计价的工业与民用建筑物和构筑物的装饰装修工程。

附录B清单项目包括楼地面工程、墙柱面工程、天棚工程、门窗工程、油漆涂料裱糊工程、其他工程，共6章47节214个项目。

③ 附录C清单项目适用于采用工程量清单计价的工业与民用建筑（含公用建筑）的给排水、采暖、通风空调、电气、照明、通信、智能等设备、管线的安装工程和一般机械设备安装工程；不适用于专业专用设备安装工程。

附录C清单项目包括机械设备安装工程，电气设备安装工程，热力设备安装工程，炉窑砌筑工程，静置设备及工艺金属结构制作安装工程，工业管道工程，消防工程，给排水、采暖、燃气工程，通风空调工程，自动化控制仪表安装工程，通信设备及线路工程，建设智能化系统设备安装工程，长距离输送管道工程。共13章124节1140个项目。

④ 附录D清单项目适用于采用工程量清单计价的市政工程。

附录D清单项目包括土石方工程、道路工程、栋涵护岸工程、隧道工程、市政管网工程、地铁工程、钢筋工程、拆除工程，共8章38节432个项目。

⑤ 附录E清单项目适用于工程量清单计价的公园、小区、道路等的园林绿化工程。

附录E清单项目包括绿化工程，园路、园桥、假山工程，园林景观工程，共3章12节87个项目。

⑥ 有关问题的说明如下。

附录A的管沟土石方、基础、地沟等清单项目也适用于附录C。

附录A的清单项目也适用于附录E未列项的清单项目。

附录A的垫层只适用于基础垫层，楼地面垫层在附录B相关项目内。

库房大门、特种门在附录 A 项目内，其他门在附录 B 内。

附录 B 清单项目也适用于附录 E 未列项的清单项目。

第二节　装饰装修工程工程量清单编制

装饰装修工程量清单计价规范包括两个方面的内容，一是由招标人编制工程量清单计价，二是由投标人编制的工程量清单计价。

工程量清单是表现拟建工程的分部分项工程项目、措施项目、项目名称和相应数量的明细清单。由招标人按照"计价规范"附录中统一的编码、项目名称、计量单位和工程量计算规则进行编制。

工程量清单应由具有编制招标文件能力的投标人，或受其委托具有相应资质的中介机构进行编制，是招标文件不可分割的组成部分。我国的工程量清单由分部分项工程量清单、措施项目清单和其他项目清单组成。

一、分部分项工程量清单的编制

分部分项工程量清单应包括项目编码、项目名称、计量单位、工程数量，以表格形式表现，其表格形式见表 6-1。

表 6-1　分部分项工程量清单

项目编码	项目名称	计量单位	工程数量

（一）项目编码的确定

工程量清单的编码，主要是指分部分项工程工程量清单的编码。由于建筑产品体积庞大，形式多样，材料品种多、类型复杂，施工工艺复杂多变，加上信息技术的发展，必须对清单项目编码进行科学规定。

分部分项工程量清单编码采用 12 位阿拉伯数字表示，前 9 位为全国统一编码，其中一、二位为附录顺序码，三、四位为专业工程顺序码，五、六位为分部工程顺序码，七、八、九位为分项工程项目名称顺序码，十至十二位为清单项目名称顺序码。

全国统一编码的前 9 位数不得变动，后 3 位由清单编制人员根据设置的清单项目编制。如 1：3 水泥砂浆抹天棚的项目编码采用 020301001001，如图 6-1 所示。

装饰工程工程量清单前 9 位全国统一编码见附录一。

（二）分部分项工程量清单项目名称的确定

分部分项工程量清单项目名称应与《计价规范》中装饰装修工程项目名称一致。应考虑该项目的规格、型号、材质等特征要求，结合拟建工程的实际情况，使其项目名称具体化。名称设置时应考虑三个因素，一是项目名称；二是项目特征；三是拟建工程的实际情况。

随着科学技术的发展，新材料、新技术、新工艺的出现，分项工程的设计要求与工程量清单附录中的条件不相符合或附录中没有这类项目，属于附录缺项时，可编制补充。补充项目应填写在工程量清单相应分部工程项目之后，并在"项目编码"栏中以"补"字示之。

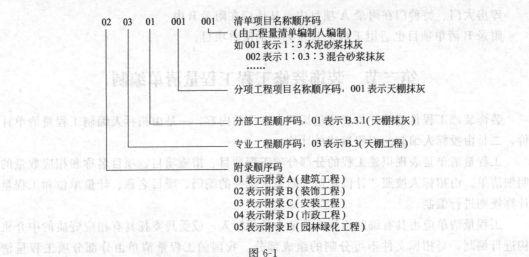

图 6-1

（三）计量单位的确定

1. 计量单位的确定规则

分项工程项目的计量单位主要根据工程项目的形体特征、变化规律、组合情况来确定。装饰装修工程分项工程项目的计量单位。一般来说，常用的确定分项定额计量单位的方法有以下几种。

① 当物体长、宽、高三个方向的尺寸均变化不定时，应以"m^3"为计量单位，如土石方工程、砖石工程、钢筋混凝土工程等；

② 当物体厚度一定，而面积不固定时，应以"m^2"为计量单位，如楼地面工程、抹灰工程、屋面防水等；

③ 当物体的截面有一定形状大小固定，但长度方向不固定时，应以"m"为计量单位，如踢脚线、楼梯扶手等；

④ 当物体形体相同，但重量和价格差异很大，应以"kg"、"t"为计量单位，如金属结构制作；

⑤ 有些项目可按个、台、套、座等自然单位为计量单位，如砖砌小水斗、水口等。

注意计量单位确定后不采用扩大单位。

2. 小数位数的取定

工程量在计算时，其有效位数亦应遵循有关规定：以"吨"为单位的应保留三位小数；以"立方米"、"平方米"、"米"为单位的应保留两位小数；以"个"、"项"、"块"等为单位的应取整数。

（四）工程数量确定

计价规范的工程量计算规则和消耗量定额的工程量计算规则有很大的区别。清单计价工程量计算规则是以实体就位的净尺寸计算，定额的工程量计算规则要加上施工操作规定的预留量，这个量随施工方法、措施的不同而变化。

建筑装饰装修工程量清单项目及工程量计算规则见附录二。

（五）分部分项工程量清单的编制步骤

上述分部分项工程量清单的编制步骤总结如下。

1. 做好编制清单的准备工作

熟悉《计价规范》及相应的计算规则；熟悉地质、水文及勘察资料、设计图纸等；了解施工现场情况及行业水平和状况等。

2. 确定分部分项工程的项目和名称

3. 拟定项目特征的描述

同一名称的项目，由于材料品种、型号、规格、材质的不同，反映在综合单价上的差别很大。对项目特征的描述是编制分部分项工程量清单中十分重要的内容，对一些有特殊要求的施工工艺、材料、设备等也应在规范规定的工程量清单"总说明"、"材料价格表"中作必要的说明。

4. 确定工程内容

由于清单项目原则上是按实体设置的，而实体是由多个项目综合而成的，所以清单项目的表现形式是由主体项目和辅助项目构成。主体项目形成项目名称，辅助项目形成工程内容。计价规范对可能发生的辅助项目均做了提示，供清单编制人对项目描述时和投标人确定报价时参考。

如果发生了在计价规范附录中没有的内容，要加以补充，以免引发投标人报价偏差，给后续评标和管理工作带来麻烦。

5. 确定清单分项编码

6. 计算分部分项工程量

计算分部分项工程量是编制分部分项工程量清单的一个重要环节，应按《计价规范》中工程量计算规则进行。

7. 复核与调整清单文件

二、措施项目清单

(一) 措施项目清单的含义

措施项目清单是指拟完成工程项目施工中发生的该工程前和施工过程中技术、生活、安全等方面的非工程实体项目。在规范中有关措施项目的规定和具体条文比较少，投标人可根据施工组织设计中采取的措施增加项目。

(二) 措施项目清单的设置

影响措施项目清单设置的因素很多，除工程本身的因素外，还涉及水文、气象、环境、安全和施工企业的实际情况等。如临时设施、大型机械进出场费、施工降水等。规范提供的"措施项目一览表"，仅作为列项的参考。措施项目清单以"项"为计量单位，相应数量为"1"。

措施项目清单不同于分部分项工程量清单，没有明确的计算规则、清晰的项目特征和工作内容。若情况不同，出现了未列的措施项目，编制时可作补充。补充项目列在清单项目最后，并在"序号"栏中以"补"字示之。

(三) 措施项目清单的编制

措施项目的内涵十分广泛，从施工技术措施、设备设置、施工必须的保证措施，到环保、安全和文明施工等项目的设置，必须认真分析。措施项目的确定对投标报价产生的影响较大，编著时必须具有相关的施工管理、施工技术、施工工艺和施工方法几个方面的知识和经验，还应具有有关政策、法规和相关规章制度方面的知识。表 6-2 措施项目一览表仅供参考。

表 6-2　措施项目一览表

序　号	项目名称
1	通用项目
1.1	环境保护
1.2	文明施工
1.3	安全施工
1.4	临时设施
1.5	夜间施工
1.6	二次搬运
1.7	大型机械设备进出场及安拆
1.8	混凝土、钢筋混凝土模板及支架
1.9	脚手架
1.10	已完工程及设备保护
1.11	施工排水、降水
2	建筑工程
2.1	垂直运输机械
3	装饰装修工程
3.1	垂直运输机械
3.2	室内空气污染测试
4	安装工程
4.1	组装平台
4.2	设备、管道施工的安全、防冻和焊接保护措施
4.3	压力容器和高压管道的检验
4.4	焦炉施工大棚
4.5	焦炉烘炉、热态工程
4.6	管道安装后的充气保护措施
4.7	隧道内施工的通风、供水、供气、供电、照明及通信设施
4.8	现场施工围栏
4.9	长输管道临时水工保护设施
4.10	长输管道施工便道
4.11	长输管道跨越或施工措施
4.12	长输管道地下穿越地上建筑物的保护措施
4.13	长输管道施工队伍调遣
4.14	格架式抱杆
5	市政工程
5.1	围堰
5.2	筑岛
5.3	现场施工围栏
5.4	便道
5.5	便桥
5.6	洞内施工的通风、供水、供气、供电、照明及通讯设施
5.7	驳岸块石清理

三、其他项目清单

（一）其他项目清单的内涵

其他项目清单主要考虑工程建设标准的高低、工程的复杂程度、工程的工期长短和工程的组成内容等直接影响工程造价的部分，它是分部分项项目和措施项目之外的工程措施费用。它包括预留金、零星工作项目费、材料购置费和总承包服务费等项目内容。

（二）其他项目清单的设置

规范在其他项目清单中，仅设置了预留金、零星工作项目费、材料购置费和总承包服务费内容。显然，由于情况的不同，可能出现超出规范规定的范围，对此规范允许编制时可作补充。补充项目列在清单项目最后，并在"序号"栏中以"补"字示之。

预留金、材料购置费和零星工作项目费，均为估算、预测数量，虽在投标时计入投标人的报价中，不应视为投标人所有。竣工结算时，应按承包人实际完成的工作内容结算，剩余部分仍归招标人所有。

四、工程量清单的整理

工程量清单按规范规定的要求编制完成后，应进行校核和整理。一般工程量清单的编制，采用统一表格的形式，简明扼要。

（一）工程量清单表格格式

工程量清单表格格式由以下几个部分组成，具体格式见附录二。

1. 封面
2. 填表须知
3. 总说明
4. 分部分项工程量清单
5. 措施项目清单
6. 其他项目清单
7. 零星工作项目表
8. 主要材料价格表

（二）工程量清单填写的规定

（1）工程量清单应由招标人填写。

（2）填表须知除本规范内容外，招标人可根据具体情况进行补充。

（3）总说明应按下列内容填写。

① 工程概况：建设规模、工程特征、计划工期、施工现场实际情况、交通运输情况、自然地理条件和环境保护要求等。

② 工程招标和分包范围。

③ 工程量清单编制依据。

④ 工程质量、材料和施工等的特殊要求。

⑤ 招标人自行采购材料的名称、规格、型号和数量等。

⑥ 其他项目清单中投标人部分的（包括预留金、材料购置费等）金额数量。

⑦ 其他需说明的问题。

第三节　装饰工程量清单计价

工程量清单计价是指建筑（装饰）工程、安装工程、市政工程、仿古建筑和园林绿化工程在施工招标活动中，招标人按规定的格式提供招标工程的分部工程量清单，投标人按工程价格的组成、计价规定，自主投标报价。

工程量清单计价应包括按招标文件规定完成工程量清单所列项目的全部费用，即分部分项工程费、措施项目费、其他项目费、规费和税金。

工程量清单计价采用综合单价计价方法。

一、分部分项工程费用的确定

分部分项工程量所需的费用是指工程量清单列出的各分部分项工程量所需的费用。它包括人工费、材料费、机械使用费、管理费、利润及风险费。计算方法：

$$分部分项工程费 = \Sigma 清单工程量 \times 综合单价$$

（一）综合单价

综合单价是指完成工程量清单中一个规定的计量单位项目所需的人工费、材料费、机械费、管理费和利润，并考虑风险。《计价规范》考虑到我国的国情，规定了我国现行的综合单价包括了除规费、税金以外的全部内容。

（二）综合单价与清单计价的关系

工程量清单计价包括按招标文件规定完成工程量清单所需的全部费用，包括分部分项工程费、措施项目费、其他项目费、规费和税金。

《计价规范》中规定：在计算工程量清单分部分项工程费、措施项目费、其他项目费时，应采用综合单价报价。

综合单价是指"完成工程量清单中一个规定的计量单位项目所需的人工费、材料费、机械费、管理费和利润，并考虑风险"。

综合单价报价中包含了规费、税金以外的所有费用，即人工费、材料费、机械费、管理费（现场管理费和企业管理费）、利润和必要的风险费，综合单价中的这些费用是由投标人根据本企业实际支出及利润预期、投标策略确定，是施工企业实际成本费用的反映，是工程的个别价格。

采用综合单价便于工程款支付、工程造价的调整和工程结算，也避免了因为"取费"产生的一些无谓纠纷。综合单价的报出是一个个别计价、市场竞争的过程。

（三）综合单价编制的依据

（1）施工图纸。

（2）施工组织设计（施工方案）。

（3）现场地质及水文资料。

（4）投标人的安全、环保、文明措施方案。

（5）现行市场人工单价、材料单价、机械台班单价。

（6）全国及省、市统一消耗量定额、费用定额、单位估价表及企业定额。

（7）投标人的营销方案与投标策略及过去的工程管理资料。

（8）规范规定、法律条文等。

（9）其他。

（四）综合单价的编制程序

（1）收集整理和熟悉相关资料。

（2）依据《计价规范》、施工图纸、施工组织设计（施工方案）及清单工程量、项目特征、工程内容核实工程量。

（3）计算分部分项工程费用。

①　　　　　单项工序的费用＝人工费＋材料费＋机械费

其中　　　人工费＝∑单项工序工程量×单位人工用量×人工单价

　　　　　材料费＝∑单项工序工程量×单位材料用量×该材料单价

　　　　　机械费＝∑单项工序工程量×单位机械台班用量×该机械台班单价

②　　∑分部分项工程人工费、材料费、机械费＝∑单项工序费用

③　　管理费＝∑分部分项工程人工费、材料费、机械费×管理费率

或　　管理费＝∑分部分项工程人工费×管理费率

④　　利润＝∑分部分项工程人工费、材料费、机械费×利率

或　　利润＝∑分部分项工程人工费×利润

⑤　考虑风险费用。

⑥　计算分部分项工程总价。分部分项工程总价＝（②）＋（③）＋（④）＋（⑤）

（4）确定综合单价。综合单价＝$\dfrac{\text{分部分项工程总价}}{\text{清单工程量}}$

（5）填制分部分项工程工程量清单计价表。

（五）综合单价编制实例

1. 经招标人根据施工图计算的内容

一台阶水平投影面积（不包括最后一步踏步 300mm）为 29.34m²，台阶长度为 32.6m、宽度为 300mm，高度为 150mm，80mm 厚 C10 混凝土基层，体积 6.06m³，100mm 厚 3：7 灰土垫层的体积为 3.59m³，面层为 25mm 板厚的芝麻白花岗岩。

2. 计算分部分项工程量费用

（1）花岗岩面层（25mm 厚）费用＝①＋②＋③＝9205.14（元）

① 人工费：29.34m²×0.501 工日/m²×30 元/工日＝440.98 元

② 材料费：8755.17 元（见表 6-3）

表 6-3　花岗岩面层材料费计算

材料名称	材料费计算式
白水泥	29.34m²×0.15kg/m²×0.6 元/kg＝2.64 元
花岗岩	29.34m²×1.57m²/m²×185 元/m²＝8521.8 元
1：4 水泥砂浆	29.34m²×0.045m²/m²×150.43 元/m²＝198.61 元
水泥浆	29.34m²×0.002m²/m²×451.91 元/m²＝26.52 元
锯木屑	29.34m²×0.009m²/m²×3.93 元/m²＝1.04 元
棉纱布	29.34m²×0.015kg/m²×4.84 元/kg＝2.13 元
水	29.34m²×0.039m²/m²×2.12 元/m²＝2.43 元
∑	8755.17 元

③ 机械费（200L 灰砂搅拌机）：29.34m²×0.005 台班/m²×61.29 元/台班＝8.99 元

（2）80mm 厚 C10 混凝土基层费用＝①＋②＋③＝1211.78（元）

① 人工费：6.06m³×1.225 工日/m³×30 元/工日＝222.71 元

② 材料费：912.33 元（见表 6-4）

③ 机械费：76.74 元（见表 6-5）

（3）（100mm 厚 3：7）灰土垫层费用＝①＋②＋③＝353.47（元）

① 人工费：3.59m³×0.811 工日/m³×30 元/工日＝87.34 元

② 材料费（3：7 灰土）：3.59m³×1.01m³/m³×72.46 元/m³＝262.73 元

③ 机械费（电动打夯机）：3.59m³×0.044 台班/m³×21.55 元/台班＝3.4 元

（4）花岗岩踢脚板（长 32.6m）费用＝①＋②＋③＝1006.67 元

① 人工费：32.6m×0.0635 工日/m×30 元/工日＝62.1 元

② 材料费：943.59 元（见表 6-6）

表 6-4 混凝土基层材料费计算

材料名称	材料费计算式
C10 混凝土	6.06m³×1.01m³/m³×148.01 元/m³＝905.91 元
水	6.06m³×0.5m³/m³×2.12 元/m³＝6.42 元
Σ	912.33 元

表 6-5 混凝土基层机械费计算

机械名称	机械费计算式
500L 滚筒式电动搅拌机	6.06m³×0.101 台班/m³×114.76 元/台班＝70.24 元
平板式混凝土振捣器	6.06m³×0.079 台班/m³×13.57 元/台班＝6.5 元
Σ	76.74 元

表 6-6 花岗岩踢脚板材料费计算

材料名称	材料费计算式
花岗岩板	32.6m×0.1523m²/m×185 元/m²＝918.52 元
1：1 水泥砂浆	32.6m×0.0008m³/m×273.47 元/m³＝7.13 元
1：3 水泥砂浆	32.6m×0.0023m³/m×180.79 元/m³＝13.56 元
107 胶浆	32.6m×0.0002m³/m×492.87 元/m³＝3.21 元
白水泥	32.6m×0.04kg/m×0.6 元/kg＝0.78 元
锯木屑	32.6m×0.0009m³/m×3.93 元/m³＝0.12 元
棉纱布	32.6m×0.0015004kg/m×4.84 元/kg＝0.24 元
水	32.6m×0.0004m³/m×2.12 元/m³＝0.03 元
Σ	943.59 元

③ 机械费（200L 灰砂搅拌机）：32.60m×0.03 元/m＝0.978 元

台阶分项的人工、材料、机械费用之和＝Σ单项工序费用

$$＝（1）＋（2）＋（3）＋（4）$$

$$＝9205.14＋1211.78＋353.47＋1006.67$$

$$＝11777.06（元）$$

表 6-7 分部分项工程量清单计价表

工程名称： 第 页共 页

序 号	项目编码	项目名称	计量单位	工程数量	金额/元 综合单价	合 价
1	020108001001	B.1 楼地面工程 石材台阶面 芝麻白花岗岩 25mm 厚 黏结层 1：3 水泥砂浆 基层 80mm 厚混凝土 C10 垫层 100mm 厚 3：7 灰土	m²	29.34	462.10	13779.16
		本页小计				13779.16
		合计				

表 6-8 分部分项工程量清单综合单价分析表

工程名称：某工程 计量单位：m²
项目编码：020108001001 工程数量：29.37m²
项目名称：花岗岩台阶 综合单价：469.76 元

序号	定额编号	工程内容	单位	数量	综合单价组成 人工费	材料费	机械使用费	管理费	利润	综合单价
1	B1-63	花岗岩台阶 面层芝麻白花岗岩 25mm 厚	m²	1.00	15.04	298.5	0.31	31.39	21.97	367.21
2	B1-17	80 厚混凝土 C10 基层	m³	0.207	7.59	31.1	2.62	4.13	2.89	48.33
3	B-1	100mm 厚灰土 3：7	m³	0.122	2.98	8.95	0.12	1.21	0.84	14.1
4	B-65	芝麻白花岗岩 25mm 厚踢脚板	m³	1.111	2.12	32.16	0.03	3.43	2.4	40.14
		合计			27.73	370.71	3.08	40.16	28.1	469.78

（5）管理费（按 10％计取）＝11777.06×10％＝1177.71(元)

（6）利润（按 7％计取）＝11777.06×7％＝824.39(元)

（7）风险费不计。

3. 确定综合单价

$$该台阶总价＝直接费＋管理费＋利润＋风险费$$

$$＝11777.06＋1177.71＋824.39＝13779.16（元）$$

$$该台阶综合单价＝13779.16÷29.34＝469.64（元/m^2）$$

4. 填制分部分项工程量清单计价表（见表 6-7）

5. 填制分部分项工程量清单综合单价分析表（见表 6-8）

二、措施项目费

措施项目费是指为完成工程项目施工，发生于工程施工前和施工过程中技术、生活、安全等方面的非工程实体项目的费用。其中包括：施工技术措施费（含大型机械设备进出场及安拆费、混凝土、钢筋混凝土模板及支架费、脚手架费、已完工程及设备保护费等）和施工组织措施费（含环境保护费、文明施工费、安全施工费、临时设施费、夜间施工费、二次搬运费、施工排水及降水费、冬雨季施工增加费、生产工具用具使用费、工程定位复测费、工程点交及场地清理费等）。

三、其他项目费

其他项目费是指预留金、材料购置费（仅指由招标人购置的材料费）、总承包服务费、零星工作项目费的估计金额的总和。

(1) 预留金：招标人为可能发生的工程量变更而预留的金额。引起工程量变更的因素有很多。一般主要包括以下几个方面。

① 清单编制人员在统计工程量及变更工程量清单时发生漏算、错算等引起的工程量增减。

② 设计深度不够、设计质量低造成的设计变更引起的工程量增减。

③ 在现场施工中，应招标人要求。并由设计或监理工程师提出的工程变更增减的工程量。

④ 其他原因引起的，是应由招标人承担的费用增加，如风险费用及索赔费用。

(2) 材料购置费，是指招标人出于特殊目的或要求，对工程消耗的某类或某几类材料购置费。在招标文件中规定，有招标人采购的拟建工程材料费。

(3) 总承包服务费。为配合协调招标人进行的工程分包和材料采购所需的费用。

(4) 零星工作项目费。完成招标人提出的，工程量暂估的零星工作所需的费用。

(5) 其他。即指可增加的新列项。如指定分包工程费、设备厂外运输、代培技术人员等。需要说明的是：措施项目费、其他项目费同分部分项工程项目费一样也包括人工费、材料费、机械费、管理费、利润及风险费。

四、规费

规费是指政府和有关部门规定必须缴纳的费用。"计价规范"规定必须收取规费，规费一般包括以下项目。

(1) 工程排污费。

(2) 工程定额测定费。

(3) 养老保险统筹基金（社会统筹部分）。

(4) 失业保险费。

（5）医疗保险费。

（6）其他。

规费取费基数一般有两种。一是工程量清单计价合计（包括分部分项工程量清单计价合计、措施项目清单计价合计和其他项目清单计价合计）；二是清单计价合计中的人工费合计。

规费费率一般由各地工程造价管理部门统一规定。

规费的计算公式为：　　规费＝计算基数×规费费率（％）

五、税金

税金是指国家税法规定计入建筑安装工程造价的营业税、城市建设税及教育费附加，通称"二税一费"。各地区主管部门一般按纳税人所在地或工程所在地转换为综合税率，便于计价中反映税前和税后的两种工程造价。计算公式如下：

$$税金＝计税基数×综合税率$$

计税基数＝分部分项工程费合计＋措施项目费合计＋其他项目费合计＋规费

六、风险因素增加的费用

为了合理减少工程承包人的风险，并遵照谁引起的风险谁承担责任的原则，对工程量的变更及其综合单价的确定作了规定：不论是由于工程量清单有误或漏项，还是设计变更引起的新的工程量清单项目或工程清单项目数量的增减，均应按实调整；工程量变更后综合单价的应按清单计价规范的规定执行。

七、工程量清单计价格式整理

工程量清单计价格式，必须采用计价规范规定的统一格式，这些表格随招标文件发至投标人。工程量清单计价格式由下列内容组成。

（1）封面。封面由投标人按规定的内容填写、签字、盖章（表6-9）。

（2）投标总价。投标总价应按工程项目总价表合计金额填写（表6-10）。

（3）工程项目总价表。

① 表中的单项工程名称应按单项工程费汇总表中的工程名称填写。

② 表中的金额应按单项工程费汇总表中的合计金额填写（表6-11）。

（4）单项工程费汇总表。

① 表中的单位工程名称应按单位工程费汇总表中的工程名称填写。

② 表中的金额应按单位工程费汇总表中的合计金额填写（表6-12）。

（5）单位工程费汇总表。单位工程费汇总表中金额应分别按照分部分项工程量清单计价表、措施项目清单计价表和其他项目清单计价表的合计金额，以及有关规定计算的规费、税金填写（表6-13）。

（6）分部分项工程量清单计价表。分部分项工程量清单计价表中的序号、项目编码、项目名称、计量单位和工程数量必须按分部分项工程量清单中的相应内容填写（表6-14）。

（7）措施项目清单计价表。投标人可以根据施工组织设计采取的措施增加项目（表6-15）。

（8）其他项目清单计价表。招标人部分金额必须按招标人提出的数额填写（表6-16）。

（9）零星工作项目计价表。表中的人工、材料、机械名称、计量单位和数量应按零星工作项目表中相应内容填写，工程竣工后零星工作费应按实际完成的工程量所需费用结算（表6-17）。

表 6-9

_____工程

工程量清单报价表

投 标 人：_____（单位签字盖章）

法定代表人：_____（签字盖章）

造价工程师

及注册证号：_____（签字盖执业专用章）

编 制 时 间：_____

表 6-10

投 标 总 价

建设单位：_____

工程名称：_____

投标总价（小写）：_____

（大写）：_____

投　标　人：_____（单位签字盖章）

法定代表人：_____（签字盖章）

编　制　时　间：_____

表 6-11 工程项目总价表

工程名称：　　　　　　　　　　　　　　　　　　　　　　　　　　第　页　共　页

序　号	单项工程名称	金额/元
合　计		

表 6-12 单项工程费汇总表

工程名称：　　　　　　　　　　　　　　　　　　　　　　　　　　第　页　共　页

序　号	单位工程名称	金额/元
合　计		

表 6-13 单位工程费汇总表

工程名称：　　　　　　　　　　　　　　　　　　　　　　　　　　第　页　共　页

序号	项目名称	金额/元
1	分部分项工程量清单计价合计	
2	措施项目清单计价合计	
3	其他项目清单计价合计	
4	规费	
5	税金	
合　计		

表 6-14 分部分项工程量清单计价表

工程名称：　　　　　　　　　　　　　　　　　　　　　　　　　　第　页　共　页

序　号	项目编码	项目名称	计量单位	工程数量	金额/元	
					综合单价	合价
		本页小计				
		合计				

表 6-15 措施项目清单计价表

工程名称：　　　　　　　　　　　　　　　　　　　　　　　　　　第　页　共　页

序　号	项目名称	金额/元
合　计		

表 6-16 其他项目清单计价表

工程名称：　　　　　　　　　　　　　　　　　　　　　　　　　　第　页　共　页

序　号	项目名称	金额/元
1	投标人部分	
2	招标人部分	
	小计	
合　计		

（10）分部分项工程量清单综合单价分析表。此表应由招标人根据需要提出要求后填写（表 6-18）。

（11）措施项目费分析表。此表应由招标人根据需要提出要求后填写（表 6-19）。

表6-17　零星工作项目计价表

工程名称：　　　　　　　　　　　　　　　　　　　　　　第　页　共　页

序　号	名　称	计量单位	数　量	金额/元	
				综合单价	合　价
1	人工				
	小计				
2	材料				
	小计				
3	机械				
	小计				
	合计				

表6-18　分部分项工程量清单综合单价分析表

工程名称：　　　　　　　　　　　　　　　　　　　　　　第　页　共　页

序号	项目编码	项目名称	工程内容	综合单价组成					综合单价
				人工费	材料费	机械费	管理费	利润	

表6-19　措施项目费分析表

工程名称：　　　　　　　　　　　　　　　　　　　　　　第　页　共　页

序号	措施费项目名称	单位	数量	金额/元					小　计
				人工费	材料费	机械费	管理费	利润	
合计									

（12）主要材料价格表

① 招标人提供的主要材料价格表应包括详细的材料编码、材料名称、规格型号和计量单位等。

② 所填写的单价必须与工程量清单计价中采用的相应单价一致（表6-20）。

表6-20　主要材料价格表

工程名称：　　　　　　　　　　　　　　　　　　　　　　第　页　共　页

序号	材料编码	材料名称	规格、型号等特殊要求	单位	单价/元

第四节　工程量清单报价的计算

一、工程量清单计价步骤

1. 熟悉工程量清单
2. 研究招标文件
3. 熟悉施工图纸
4. 熟悉工程量计算规则
5. 了解施工组织设计

施工组织设计或施工方案是施工单位的技术部门针对具体工程编制的施工作业的指导性文件，其中对施工技术措施、安全措施、施工机械配置、是否增加辅助项目等，都应在工程计价的过程中予以注意。施工组织设计所涉及的费用主要属于措施项目费。

6. 熟悉加工订货的有关情况

明确建设、施工单位双方在加工订货方面的分工。对需要进行委托加工订货的设备、材料、零件等，提出委托加工计划，并落实加工单位及加工产品的价格。

7. 明确主材和设备的来源情况

主材和设备的型号、规格、重量、材质、品牌等对工程计价影响很大，因此主材和设备的范围及有关内容需要招标人予以明确，必要时注明产地和厂家。

8. 计算工程量

清单计价的工程量计算主要有两部分内容，一是核算工程量清单所提供清单项目工程量是否准确，二是计算每一清单主体项目所组合的辅助项目工程量，以便分析综合单价。

9. 确定措施项目清单内容

措施项目清单是完成项目施工必须采取的措施所需的工作内容，该内容必须结合项目的施工方案或施工组织设计的具体情况填写，因此，在确定措施项目清单内容时，一定要根据自己的施工方案或施工组织设计加以修改。

10. 计算综合单价

将工程量清单主体项目及其组合的辅助项目汇总，填入分部分项工程综合单价计算表。如采用消耗量定额分析综合单价的，则应按照定额的计量单位，选套相应定额，计算出各项的管理费和利润，汇总为清单项目费合价，分析出综合单价。综合单价是报价和调价的主要依据。

投标人可以用本企业定额；也可以用建设行政主管部门的消耗量定额，根据本企业的技术水平调整消耗量定额的消耗量来计价。

11. 计算措施项目费、其他项目费、规费和税金等

12. 计算出工程造价

工程量清单计价，将分部分项工程项目费、措施项目费、其他项目费和规费、税金汇总、合并并计算出工程造价。

二、工程量清单计价程序

在完成规范计价格式系列表中分部分项工程量清单计价表、措施项目清单计价表、其

他项目清单计价表后，计算出单位工程费用，将各单位工程费用汇总成单项工程费用，再汇总成建设项目总费用，根据计价规范的规定，工程量清单计价程序可用表 6-21 表示。

表 6-21　工程量清单计价程序

序　号	名　称	计 算 方 法
1	分部分项工程费	$\sum$(清单工程量×综合单价)
2	措施项目费	$\sum$(措施工程量×综合单价)
3	其他项目费	$\sum$(其他工程量×综合单价)
4	规　费	(1＋2＋3)×规费费率
5	税　金	4×税金费率
6	单位工程费用	1＋2＋3＋4＋5
7	单项工程费用	$\sum$单位工程费用＋工程项目所含其他工程费
8	工程总价	(1＋2＋3＋4)＋工程项目所含其他工程费＋不可预见费＋贷款利息

复习思考题

1. 什么是工程量清单？
2. 工程量清单计价的目的和意义分别是什么？
3. 工程量清单编制内容是什么？
4. 项目编码如何编制？
5. 什么是综合单价？
6. 工程量清单计价和定额计价有何区别？

第七章

建筑装饰工程结算与决算

学习要求

1. 掌握工程结算的概念和意义。
2. 掌握工程预付备料款的概念及其计算方法。
3. 掌握工程决算概念。

第一节　建筑装饰工程结算

一、工程结算的概念和意义

工程结算是指建筑工程施工企业在完成工程任务后，依据施工合同的有关规定，按照规定程序向建设单位收取工程价款的一项经济活动。

工程结算的主体是施工企业。

工程结算的目的是施工企业向建设单位索取工程款，以实现"商品销售"。

由于建筑工程施工周期较长，占用资金额较大，及时办理工程结算对于施工企业具有十分重要的意义。

（1）工程结算是反映工程进度的主要指标。

（2）工程结算是加速资金周转的重要环节。

（3）工程结算是考核经济效益的重要指标。

二、工程结算的分类

建筑产品价值大、生产周期长的特点，决定了工程结算必须采取阶段性结算的方法。工程结算一般可分为：工程价款结算和工程竣工结算。

三、工程价款结算

工程价款结算指施工企业在工程实施过程中，依据施工合同中关于付款条款的有关规定和工程进展所完成的工程量，按照规定程序向建设单位收取工程价款的一项经济活动。

（一）我国现行的工程价款结算方式

1. 按月结算方式

实行旬末或月中预支，月终结算，竣工后清算的办法。跨年度竣工的工程，在年终进行工程盘点，办理年度结算。我国现行建筑安装工程价款结算中，相当一部分是实行这种按月结算方式。

2. 竣工后一次结算方式

建设项目或单项工程全部建筑安装工程的建设期在 12 个月以内，或者工程承包合同价值在 100 万元以下的工程，可以实行工程价款每月月中预支，竣工后一次结算。当年结算的工程款应与年度完成的工作量一致，年终不另清算。

3. 分段结算方式

当年开工，且当年不能竣工的单项工程或单位工程，按照工程形象进度或工程阶段，划分不同阶段进行结算。

分段的划分标准，由各部门、自治区、直辖市、计划单列市规定。

分段结算可以按月预支工程款，当年结算的工程款应与年度完成的工作量一致，年终不另清算。

4. 目标结算方式

在工程合同中，将承包工程的内容分解成不同的控制界面，以建设单位验收控制界面作为支付工程价款的前提条件。也就是说，将合同中的工程内容分解成不同的验收单元，当施工企业完成单元工程内容并经有关部门验收质量合格后，建设单位支付构成单元工程内容的工程价款。

目标结款方式实质上是运用合同手段和财务手段对工程的完成进行主动控制。在目标结款方式中，对控制面的设定应明确描述，便于量化和质量控制，同时要适应项目资金的供应周期和支付频率。

5. 结算双方约定并经开户建设银行同意的其他结算方式

（二）工程预付备料款及其计算

工程预付备料款是建设工程施工合同订立后由发包人按照合同约定，在工程项目正式开工前预先支付给承包人一定限额的工程款。此预付款构成施工企业为该工程项目储备主要材料和结构件所需的流动资金，也称工程预付款。

工程预付备料款仅用于承包方支付施工开始时与本工程有关的动员费用，如承包方滥用此款，发包方有权收回。

1. 工程预付备料款限额

建设单位向施工企业工程预付款的限额，取决于以下几个因素。

（1）工程项目中主要材料（包括外购构件）占工程合同造价的比重；

（2）材料储备期；

（3）施工工期。

在实际工作中，为了简化计算，预付备料款的限额可按预付款占工程合同造价的额度计算。其计算公式为：

$$预付备料款限额＝工程合同造价×预付备料款额度 \tag{7-1}$$

式中，预付备料款额度有以下几点要求：

建筑工程一般不应超过年建筑工程（包括水、电、暖）工程量的 30%；

安装工程一般不应超过年安装工程量的 10%；

材料占比重较大的安装工程按年计划产值的 15% 左右拨付。

对于材料由建设单位供给的只包工不包料，则可以不预付备料款。

2. 预付备料款扣回

当工程进展到一定阶段，随着工程所需储备的主要材料和结构件逐步减少，建设单位应将开工前预付的备料款，以抵充工程进度款的方式陆续扣回，并在竣工结算前全部扣清。

工程预付备料款起扣点，当未施工工程所需的主要材料和结构件的价值，恰好等于工程预付备料款数额时开始起扣。

$$起扣点＝合同工程造价－\frac{预付备料款}{主材费用百分率} \tag{7-2}$$

3. 工程进度款结算

工程进度款是指工程项目开工后，施工企业按照工程施工进度和施工合同的规定，以当月（期）完成的工程量为依据计算各项费用，向建设单位办理结算的工程价款。一般在月初结算上月完成的工程进度款。

工程进度款的结算分三种情况，即开工前期、施工中期和工程尾期结算三种。

(1) 开工前期进度款结算

从工程项目开工，到施工进度累计完成的产值小于"起扣点"，这期间称为开工前期。此时，每月结算的工程进度款应等于当月（期）已完成的产值。其计算公式为：

本月应结算的进度款＝本月已完成的产值

＝∑本月已完成工程量×预算单价＋相应收取的其他费用

$$\tag{7-3}$$

(2) 施工中期进度款结算

当工程施工进度累计完成的产值达到"起扣点"以后，至工程竣工结束前一个月，这期间称为施工中期。

每月结算的工程进度款，应扣除当月（期）应扣回的工程预付备料款。其计算公式为：

本月（期）应抵扣的工程预付备料款＝本月已完成的产值×主材费所占比重

$$\tag{7-4}$$

本月应结算的进度款＝当月完成的产值－当月（期）应抵扣的工程预付备料款

$$\tag{7-5}$$

(3) 工程尾期进度款结算

按照国家有关规定，工程项目总造价中应预留一定比例的尾留款作为质量保修费用，又称"保留金"。待工程项目保修期结束后，根据保修情况最后支付。

工程尾期（最后月）的进度款，除按施工中期的办法结算外，尚应扣留"保留金"。其计算公式为：

最后月应结算的进度款＝最后月（期）已完成产值－当月（期）应抵扣的预付备料款

－应扣保留金

$$\tag{7-6}$$

【例 7-1】 某施工企业承包的建筑工程合同造价为 800 万元。双方签订的合同规定：工程预付备料款额度为 18%；工程进度款达到 68% 时，开始起扣工程预付备料款。经测算，其主材费所占比重为 56%，设该企业在累计完成工程进度 64% 后的当月，完成工程的产值为 80 万元。试计算该月应收取的工程进度款及应归还的工程预付备料款。

解 (1) 该企业当月所完成的工程进度为：

$$(80 \div 800) \times 100\% = 10\%$$

即当月的工程进度从 64% 开始，到 74% 结束。起扣点 68% 位于月中。

（2）该企业在起扣点前应收取的工程进度款为：

$$800 \times (68\% - 64\%) = 800 \times 4\% = 32（万元）$$

（3）该企业在起扣点后应收取的工程进度款为：

$$(80 - 32) \times (1 - 56\%) = 48 \times 44\% = 21.12（万元）$$

（4）该企业当月共计应收取的工程进度款为：

$$32 + 21.12 = 53.12（万元）$$

（5）当月应归还的工程预付备料款为：

$$80 - 53.12 = 26.88（万元）$$

或

$$(80 - 32) \times 56\% = 26.88（万元）$$

【例 7-2】　某企业承包的建筑工程合同造价为 780 万元。双方签订的合同规定：工程工期为五个月；工程预付备料款额度为工程合同造价的 20%；工程进度款逐月结算；经测算，其主要材料费所占比重为 60%，工程保留金为工程合同造价的 5%。各月实际完成的产值如下表，求该工程如何按月结算工程款？

月　　份	三月	四月	五月	六月	七月	合计
完成产值/万元	95	130	175	210	170	780

解　（1）该工程的预付备料款 $= 780 \times 20\% = 156$（万元）

由起扣点公式得：　　　　　起扣点 $= 780 - 156/60\% = 520$（万元）

（2）开工前期每月应结算的工程款，按计算公式得出的结果如下表所示。

月　　份	三月	四月	五月
完成产值	95	130	175
当月应付工程款	95	130	175
累计完成的产值	95	225	400

以上三、四、五月份累计完成的产值均未超过起扣点（520 万元），故无须抵扣工程预付备料款。

（3）施工中期进度款结算：

六月份累计完成的产值 $= 400 + 210 = 610$ 万元 $>$ 起扣点（520 万元）

故从六月份开始应从工程进度款中抵扣工程预付的备料款。

六月份应抵扣的预付备料款 $= (610 - 520) \times 60\% = 54$（万元）

六月份应结算的工程款 $= 210 - 54 = 156$（万元）

（4）工程尾期进度款结算：

应扣保留金 $= 780 \times 5\% = 39$（万元）

七月份办理竣工结算时，应结算的工程尾款 $= 170 \times (1 - 60\%) - 39 = 29$（万元）

（5）由上述计算结果可知：

各月累计结算的工程进度款 $= 95 + 130 + 175 + 156 + 29 = 585$（万元）

再加上工程预付备料款 156 万元和保留金 39 万元，共计 780 万元。

四、工程竣工结算

竣工结算指施工企业按照合同规定的内容，全部完成所承包的单位工程或单项工程，经有关部门验收质量合格，并符合合同要求后，按照规定程序向建设单位办理最终工程价款结算的一项经济活动。竣工结算是在施工图预算的基础上，根据实际施工中出现的变更、签证等实际情况由施工企业负责编制的。

在工程施工过程中，由于遇到一些原设计无法预计的情况，如基础工程施工遇软弱土、流砂、阴河、古墓、孤石等，必然会引起设计变更、施工变更等原施工图预算中未包括的内容。因此，在工程竣工验收后，建设单位与施工企业应根据施工过程中的实际变更情况进行竣工结算。

（一）竣工结算的作用

（1）竣工结算是施工企业与建设单位结清工程费用的依据；

（2）竣工结算是施工企业考核工程成本，进行经济核算的依据；

（3）竣工结算是编制概算定额和概算指标的依据。

（二）竣工结算的方式

1. 施工图预算加签证结算方式

该结算方式是把经过审定的原施工图预算作为工程竣工结算的主要依据。凡原施工图预算或工程量清单中未包括的"新增工程"，在施工过程中历次发生的由于设计变更、进度变更、施工条件变更所增减的费用等，经设计单位、建设单位、监理单位签证后，与原施工图预算一起构成竣工结算文件，交付建设单位经审计后办理竣工结算。这种结算方式，难以预先估计工程总的费用变化幅度，往往会造成追加工程投资的现象。

2. 预算包干结算方式

预算包干结算，也称施工图预算加系数包干结算。即在编制施工图预算的同时，另外计取预算外包干费。

$$预算外包干费＝施工图预算造价×包干系数$$
$$结算工程价款＝施工图预算造价×（1＋包干系数）$$

式中，包干系数是由施工企业和建设单位双方商定，经有关部门审批确定，在签订合同条款时，预算外包干费要明确包干范围。

这种结算方式，可以减少签证方面责任不清的现象，预先估计总的工程造价。

3. 每平方米造价包干结算方式

该结算方式是双方根据一定的工程资料或概算指标，事先协定每平方米造价指标，然后按建筑面积汇总计取工程造价，确定应付的工程价款。

4. 招、投标结算方式

招标单位与投标单位，按照中标报价、承包方式、承包范围、工期、质量标准、奖惩规定、付款及结算方式等内容签订承包合同。合同规定的工程造价就是结算造价。工程竣工结算时，奖惩费用、包干范围外增加的工程项目另行计算。

（三）竣工结算的编制依据

（1）工程竣工验收报告和工程竣工验收单；

（2）经审批的原施工图预算和施工合同或协议；

（3）设计变更通知单、施工现场工程变更洽商记录和经审批的原施工图；

（4）现行预算定额、地区人工工资标准、材料预算价格、价差调整文件以及各项费用指标等资料；

（5）工程竣工图和隐蔽工程记录；

（6）现场零星用工和借工签证；

（7）其他有关资料及现场记录。

（四）竣工结算的内容及编制方法

工程竣工结算的内容和编制方法与施工图预算基本相同。只是结合施工中历次设计变更、材料价差等实际变动情况，在原施工图预算基础上作部分增减调整。

1. 工程量差的调整

工程量的量差是指原施工图预算所列分项工程量，与实际完成的分项工程量不符而发生的差异。

这是编制竣工结算的主要部分。这部分量差主要由以下几个原因造成的。

（1）设计单位提出的设计变更

工程开工后，由于某种原因，设计单位要求改变某些施工方法，经与建设单位协商后，填写设计变更通知单，作为结算增减工程量的依据。

（2）施工企业提出的设计变更

此种情况比较多见，由于施工方面的原因，如施工条件发生变化、某种材料缺货需改用其他材料代替等，要求设计单位进行的设计变更。经设计单位和建设单位同意后，填写设计变更洽商记录，作为结算增减工程量的依据。

（3）建设单位提出的设计变更

工程开工后，建设单位根据自身的意向和资金筹措到位的情况，增减某些具体工程项目或改变某些施工方法。经与设计单位、施工企业和监理单位协商后，填写设计变更洽商记录，作为结算增减工程量的依据。

（4）监理单位或建设单位工程师提出的设计变更

此种情况是因为发现有设计错误或不足之处，经设计单位同意提出设计变更。

（5）施工中遇到某种特殊情况引起的设计变更

在施工中，由于遇到一些原设计无法预计的情况，如基础开挖后遇到古墓、枯井、孤石、流砂、阴河等，需要进行处理。设计单位、建设单位、施工企业和监理单位共同研究，提出具体处理意见，填写设计变更洽商记录，作为结算增减工程量的依据。

2. 材料价差的调整

材料价差是指因工程建设周期较长或建筑材料供应不及时，造成材料实际价格与预算价格存在的差异，或因材料代用发生的价格差额。在工程结算中，材料价差的调整范围应严格按照当地的有关规定办理，不允许擅自调整。

由建设单位供应并按材料预算价格转给施工企业的材料，在竣工结算时，不得调整。材料价差由建设单位单独核算，在编制工程决算时摊入工程成本。

由施工企业采购的材料进行价差调整，必须在签订合同时予以明确。材料价差调整的方法有单项调整和按系数调整两种。

3. 费用调整

费用调整，是指以直接费或人工费为计费基础，计算间接费、计划利润和税金等费用的调整。

工程量的增减变化，会引起的措施费、间接费、利润和税金等费用的增减，这些费用应按当地费用定额的规定作相应调整。

各种材料价差一般不调整间接费。因为费用定额是在正常条件下制定的，不能随材料价格的变化而变动。但各种材料价差应列入工程预算成本，按当地费用定额的规定，计取计划利润和税金。

其他费用，如属于政策性的调整费、因建设单位原因发生的窝工费用、建设单位向施工企业的清工和借工费用等，应按照当地的规定计算方式在结算时一次清算。

另外，施工企业在施工现场使用建设单位的水、电费用，也应按规定在工程结算时退还建设单位，做到工完账清。

（五）单位（单项）工程竣工结算书的编制

目前，竣工结算书没有统一规定的表格。有的用预算表代用，有的则根据工程特点和实际需要自行设计表格。

竣工结算书通常包括下列内容：

（1）编制说明；

（2）工程竣工结算费用计取程序表，见费用定额；

（3）工程设计变更直接费调整计算表；

（4）材料价差调整计算表；

（5）原审定的施工图预算书及施工合同有关条款。

第二节　建筑装饰工程决算

一、工程竣工决算的概念

竣工决算是在建设项目或单项工程完工后，由建设单位财务及有关部门，以竣工结算等资料为基础，编制的反映建设项目实际造价和投资效果的文件。

竣工决算是竣工验收报告的重要组成部分，它包括建设项目从筹建到竣工投产全过程的全部实际支出费用。即建筑安装工程费、设备工器具购置费、预备费、工程建设其他费用和投资方向调节税支出费用等。它是考核建设成本的重要依据。对于总结分析建设过程的经验教训，提高工程造价管理水平，积累技术经济资料，为有关部门制定类似工程的建设计划和修订概预算定额指标提供资料和经验，都具有重要的意义。

二、竣工决算的作用

（1）全面反映竣工项目的实际建设情况和财务情况；

（2）有利于节约基建投资；

（3）有利于经济核算；

（4）考核设计概算的执行情况，提高管理水平；

（5）正确编制竣工决算，有利于进行"三算"对比，即设计概算、施工图预算和竣工决算的对比。

三、竣工决算表的编制

1. 大、中型建设项目概况表

此表用来反映建设项目总投资、基建投资支出、新增生产能力、主要材料消耗和主要技术经济指标等方面的设计、概算数额与实际完成数额的情况。

2. 大、中型建设项目竣工财务决算表

此表是用来反映建设项目的全部资金来源和资金占用（支出）情况，是考核和分析投资效果的依据。该表是采用平衡表形式，即资金来源合计等于资金占用（支出）合计。

3. 大、中型建设项目交付使用资产总表

此表是反映建设项目建成后，交付使用的新增固定资产、流动资产、无形资产和递延资产的全部情况及价值。作为财产交接、检查投资计划完成情况和分析投资效果的依据。

4. 建设项目交付使用资产明细表

大、中型和小型建设项目均要填列此表。该表是交付使用财产总表的具体化，反映交付使用的固定资产、流动资产、无形资产和递延资产的详细内容，是使用单位建立资产明细账和登记新增资产价值的依据。

5. 小型建设项目竣工财务决算总表

该表是大、中型建设项目概况表与竣工财务决算表合并而成的，主要反映小型建设项目的全部工程和财务情况。可参照大、中型建设项目概况表指标和大、中型建设项目竣工财务决算的指标填列。

复习思考题

1. 什么是工程结算？

2. 工程结算方式有哪些？

3. 什么是竣工结算？

4. 竣工结算方式有哪些？

5. 什么是竣工决算？

附 录

附录一 装饰工程工程量清单前9位全国统一编码

B.1 楼地面工程

| 专业工程名称 | 分部工程 | | 分项工程 | | |
	项目名称	分项工程名称	计量单位	序 码	
B.1 楼地面工程	B.1.1 整体面层	水泥砂浆楼地面	m²	020101001	
		现浇水磨石楼地面		020101002	
		细石混凝土楼地面		020101003	
		菱苦土楼地面		020101004	
	B.1.2 块料面层	石材楼地面	m²	020102001	
		块料楼地面		020102002	
	B.1.3 橡塑面层	橡胶板楼地面	m²	020103001	
		橡胶卷材楼地面		020103002	
		塑料板楼地面		020103003	
		塑料卷材楼地面		020103004	
	B.1.4 其他材料面层	楼地面地毯	m²	020104001	
		竹木地板		020104002	
		防静电活动地板		020104003	
		金属复合地板		020104004	
	B.1.5 踢脚线	水泥砂浆踢脚线	m²	020105001	
		石材踢脚线		020105002	
		块料踢脚线		020105003	
		现浇水磨石踢脚线		020105004	
		塑料踢脚线		020105005	
		木质踢脚线		020105006	
		金属踢脚线		020105007	
		防静电踢脚线		020105008	
	B.1.6 楼梯装饰	石材楼梯面层	m²	020106001	
		块料楼梯面层		020106002	
		水泥砂浆楼梯面		020106003	
		现浇水磨石楼梯面		020106004	
		地毡楼梯面		020106005	
		木板楼梯面		020106006	
	B.1.7 扶手、栏杆、栏板装饰	金属扶手带栏杆、栏板	m	020107001	
		硬木扶手带栏杆、栏板		020107002	
		塑料扶手带栏杆、栏板		020107003	
		金属靠墙扶手		020107004	
		硬木靠墙扶手		020107005	
		塑料靠墙扶手		020107006	
	B.1.8 台阶装饰	石材台阶面	m²	020108001	
		块料台阶面		020108002	
		水泥砂浆台阶面		020108003	
		现浇水磨石台阶面		020108004	
		剁假石台阶面		020108005	
	B.1.9 零星装饰项目	石材零星项目	m²	020109001	
		碎拼石材零星项目		020109002	
		块料零星项目		020109003	
		水泥砂浆零星项目		020109004	

B.2 墙柱面工程

专业工程名称	分部工程 项目名称	分项工程		
		分项工程名称	计量单位	序 码
B.2 墙柱面工程	B.2.1 墙面抹灰	墙面一般抹灰	m²	020201001
		墙面装饰抹灰		020201002
		墙面勾缝		020201003
	B.2.2 柱面抹灰	柱面一般抹灰	m²	020202001
		柱面装饰抹灰		020202002
		柱面勾缝		020202003
	B.2.3 零星抹灰	零星项目一般抹灰	m²	020203001
		零星项目装饰抹灰		020203002
	B.2.4 墙面镶贴块料	石材墙面	m²	020204001
		碎拼石材墙面		020204002
		块料墙面		020204003
		干挂石材钢骨架		020204004
	B.2.5 柱面镶贴块料	石材柱面	m²	020205001
		拼碎石材柱面		020205002
		块料柱面		020205003
		石材梁面		020205004
		块料梁面		020205005
	B.2.6 零星镶贴块料	石材零星项目	m²	020206001
		拼碎石材零星项目		020206002
		块料零星项目		020206003
	B.2.7 墙饰面	装饰板墙面	m²	020207001
	B.2.8 柱(梁)饰面	柱(梁)装饰	m²	020208001
	B.2.9 隔断	隔断	m²	020209001
	B.2.10 幕墙	带骨架幕墙	m²	020210001
		全玻幕墙		020210002

B.3 天棚工程

专业工程名称	分部工程 项目名称	分项工程		
		分项工程名称	计量单位	序 码
B.3 天棚工程	B.3.1 天棚抹灰	天棚抹灰	m²	020301001
	B.3.2 天棚吊顶	天棚吊顶	m²	020302001
		格栅吊顶		020302002
		吊筒吊顶		020302003
		藤条造型悬挂吊顶		020302004
		织物软雕吊顶		020302005
		网架(装饰)吊顶		020302006
	B.3.3 天棚及其他装饰	灯带	m²	020303001
		送风口、回风口	个	020303002

B.4 门窗工程

专业工程名称	分部工程项目名称	分项工程		
		分项工程名称	计量单位	序　码
B.4 门窗工程	B.4.1 木门	镶板木门	樘	020401001
		企口木板门		020401002
		实木装饰门		020401003
		胶合板门		020401004
		夹板装饰门		020401005
		木质防火门		020401006
		木纱门		020401007
		连窗门		020401008
	B.4.2 金属门	金属平开门	樘	020402001
		金属推拉门		020402002
		金属地弹门		020402003
		彩板门		020402004
		塑钢门		020402005
		防盗门		020402006
		钢质防火门		020402007
	B.4.3 金属卷帘门	金属卷闸门	樘	020403001
		金属格栅门		020403002
		防火卷帘门		020403003
	B.4.4 其他门	电子感应门	樘	020404001
		转门		020404002
		电子对讲门		020404003
		电动伸缩门		020404004
		全玻门(带扇框)		020404005
		全玻自由门(无扇框)		020404006
		半玻门(带扇框)		020404007
		镜面不锈钢饰面门		020404008
	B.4.5 木窗	木质平开窗	樘	020405001
		木质推拉窗		020405002
		矩形木百叶窗		020405003
		异形木百叶窗		020405004
		木组合窗		020405005
		木天窗		020405006
		矩形木固定窗		020405007
		异形木固定窗		020405008
		装饰空花木窗		020405009
	B.4.6 金属窗	金属推拉窗	樘	020406001
		金属平开窗		020406002
		金属固定窗		020406003
		金属百叶窗		020406004
		金属组合窗		020406005
		彩板窗		020406006
		塑钢窗		020406007
		金属防盗窗		020406008
		金属格栅窗		020406009
		特殊五金		020406010
	B.4.7 门窗套	木门窗套	m²	020407001
		金属门窗套		020407002
		石材门窗套		020407003
		门窗木贴脸		020407004
		硬木筒子板		020407005
		饰面夹板筒子板		020407006
	B.4.8 窗帘盒、窗帘轨	木窗帘盒	m	020408001
		饰面夹板、塑料窗帘盒		020408002
		铝合金窗帘盒		020408003
		窗帘轨		020408004
	B.4.9 窗台板	木窗台板	m	020409001
		铝塑窗台板		020409002
		石材窗台板		020409003
		金属窗台板		020409004

B.5　油漆、涂料、裱糊工程

专业工程名称	分部工程 项目名称	分项工程		
		分项工程名称	计量单位	序　码
B.5 油漆 涂料　裱糊工 程	B.5.1 门油漆	门油漆	樘	020501001
	B.5.2 窗油漆	金属平开门	樘	020502001
	B.5.3 木扶手及其他板 条线条油漆	木扶手油漆	m	020503001
		窗帘盒油漆		020503002
		封檐板、顺水板油漆		020503003
		挂衣板、黑板框油漆		020503004
		挂镜线、窗帘棍、单独木线油漆		020503005
	B.5.4 木材面油漆	木板、纤维板、胶合板油漆	m²	020504001
		木护墙、木墙裙油漆		020504002
		窗台板、筒子板、盖板、门窗套		020504003
		清水板条天棚、檐口油漆		020504004
		木方格吊顶天棚油漆		020504005
		吸音板墙面、天棚面油漆		020504006
		暖气罩油漆		020504007
		木间壁、木隔断油漆		020504008
		玻璃间壁露明墙筋油漆		020504009
		木栅栏、木栏杆(带扶手)油漆		020504010
		衣柜、壁柜油漆		020504011
		梁柱饰面油漆		020504012
		零星木装修油漆		020504013
		木地板油漆		020504014
		木地板烫硬蜡面油漆		020504015
	B.5.5 金属面油漆	金属面油漆	t	020505001
	B.5.6 抹灰面油漆	抹灰面油漆	m²	020506001
		抹灰线条油漆	m	020506002
	B.5.7 喷刷、涂料	喷刷、涂料	m²	020507001
	B.5.8 花饰、线条刷涂料	空花格、栏杆刷涂料	m²	020508001
		线条刷涂料	m	020508002
	B.5.9 裱糊	墙纸裱糊	m²	020509001
		织锦缎裱糊		020509002

B.6 其他工程

专业工程名称	分部工程项目名称	分项工程		
		分项工程名称	计量单位	序码
B.6 其他工程	B.6.1 柜类、货架	柜台	个	020601001
		酒柜		020601002
		衣柜		020601003
		存包柜		020601004
		鞋柜		020601005
		书柜		020601006
		厨房壁柜		020601007
		木壁柜		020601008
		厨房低柜		020601009
		厨房吊柜		020601010
		矮柜		020601011
		吧台背柜		020601012
		酒吧吊柜		020601013
		酒吧台		020601014
		展台		020601015
		收银台		020601016
		试衣间		020601017
		货架		020601018
		书架		020601019
		服务台		020601020
	B.6.2 暖气罩	饰面板暖气罩	m²	020602001
		塑料板暖气罩		020602002
		金属暖气罩		020602003
	B.6.3 浴厕配件	洗漱台	m²	020603001
		晒衣架		020603002
		帘子杆	根（套）	020603003
		浴缸拉手		020603004
		毛巾杆（架）		020603005
		毛巾环	副	020603006
		卫生纸盒	个	020603007
		肥皂盒		020603008
		镜面玻璃	m²	020603009
		镜箱	个	020603010
	B.6.4 压条、装饰线	金属装饰线	m	020604001
		木质装饰线		020604002
		石材装饰线		020604003
		石膏装饰线		020604004
		镜面玻璃装饰线		020604005
		铝塑装饰线		020604006
		塑料装饰线		020604007
	B.6.5 雨篷、旗杆	雨篷吊挂饰面	m²	020605001
		金属旗杆	根	020605002
	B.6.6 招牌、灯箱	抹灰面油漆	m²	020606001
		抹灰线条油漆	个	020606002
		灯箱		020606003
	B.6.7 美术字	泡沫塑料字	个	020607001
		有机玻璃字		020607002
		木质字		020607003
		金属字		020607004

附录二　某装饰装修工程工程量清单实例

_____工程

工程量清单

招　　标　　人：_____（单位签字盖章）

法　定　代　表　人：_____（签字盖章）

中介机构法定代表人：_____（签字盖章）

造价工程师及注册证号：_____（签字盖执业专用章）

制　　表　　时　　间：_____

填 表 须 知

1. 工程量清单及其计价格式中所有要求签字、盖章的地方，必须由规定的单位和人员签字、盖章。

2. 工程量清单及其计价格式中的任何内容不得随意删除或涂改。

3. 工程量清单及其计价格式中列明的所有需要填报的单价和合价，投标人均应填报，未填报的单价和合价，视为此项费用已包含在工程量清单的其他单价和合价中。

4. 金额（价格）均应以_____人民币表示。

总　说　明

工程名称：某装饰装修工程

1. 工程概况：建筑面积为××m²，×层，××结构。外墙面装修为××做法，内墙面装修为××做法，室内地面装修为××做法等。施工工期为××月，施工现场为××状况。

2. 招标范围：全部或部分装饰装修工程。

3. 清单编制依据：建设工程工程量清单计价规范、施工设计图文件、施工组织设计等。

4. 工程质量标准：达优良标准。

5. 考虑施工中强能发生的设计变更或清单有误，预留金×万元。

6. 投标人投标时，应按《建设工程工程量清单计价规范》规定的统一格式，提供"分部分项工程量清单综合单价分析表"。

7. 随清单附有"主要材料价格表"，投标人应按其规定内容填写。

分部分项工程量清单

工程名称：某装饰装修工程

序　号	项目编码	项目名称	计量单位	工程数量
		楼地面工程		
1	020101002001	现浇水磨石地面，1：2.5白石子浆厚15mm，嵌玻璃条厚3mm，1：3水泥砂浆找平层厚20mm	m²	3000.00
2	020101002002	现浇水磨石地面，1：2.5白石子浆厚15mm，嵌玻璃条厚3mm，1：3水泥砂浆找平层厚30mm	m²	2000.00
3				
4				
5		（以下略）		
补		（略）		
		（其他略）		

措施项目清单

工程名称：某装饰装修工程

序　号	项 目 名 称
1	临时设施
2	室内空气污染测试
3	环境保护

其他项目清单（一）

工程名称：某装饰装修工程

序　号	项 目 名 称	金 额
	(1)预留金	20000.00
	(2)铝合金窗购置费	80000.00
	(1)零星工作项目费	
	(2)总承包服务费	

其他项目清单（二）

工程名称：某装饰装修工程

序　号	名　　称	计量单位	数　　量
1	人工 （1）抹灰工 （2）油漆工	 工日 工日	 20 10
	小计		
2	材料		
	小计		
3	机械		
	小计		
	合计		

主要参考文献

1　田永复主编. 建筑装饰工程概预算. 北京：中国建筑工业出版社，2000

2　栋梁工作室编. 全国统一建筑装饰装修工程消耗量定额应用手册. 北京：中国建筑工业出版社，2003

3　朱艳，邸蓬，汤建华等. 建筑装饰工程概预算教程. 北京：中国建材工业出版社，2004

4　中华人民共和国建设部. 建筑工程建筑面积计算规范. 北京：中国计划出版社，2005

5　叶霏、张寅. 装饰装修工程概预算. 北京：中国水利水电出版社，2005

6　袁建新主编. 建筑工程预算. 北京：中国建筑工业出版社，2005

7　肖伦斌主编. 建筑装饰工程计价. 武汉：武汉理工大学出版社，2004

8　建设部标准定额研究所编. 全国统一建筑装饰装修工程消耗量定额. 北京：中国计划出版社，2002

9　许炳权著. 装饰装修工程概预算. 北京：中国建材工业出版社，2003